光伏工程技术专业
中高职衔接教学标准建设研究

段春艳　著

武汉理工大学出版社
·武汉·

内容提要

本书以佛山职业技术学院中高职五年贯通光伏工程技术专业为例，从光伏行业人才需求调研、职业岗位能力分析、课程体系建设、专业教学标准建设与课程标准建设、职业岗位能力测评系统建设等方面开展了系统的研究，建立了光伏工程技术专业中高职衔接教学标准开发与应用效果评价的一套流程。具体内容按照职业教育专业教学标准开发、实践和评价的流程划分为光伏专业职业教育的现状、岗位职业能力分析、专业教学标准与课程标准建设、职业岗位监测系统建设、应用效果分析。最后在附录中提供了光伏工程技术专业在多年实践教学中积累的教学资源。

本书可以供国内高职新建光伏专业、新建中高职五年贯通光伏专业在开发专业课程体系、专业教学标准与课程标准、课程教学的效果评价以及教学资源建设方面参考，缩短专业资源开发和建设的时间。

图书在版编目(CIP)数据

光伏工程技术专业中高职衔接教学标准建设研究/段春艳著. —武汉：武汉理工大学出版社，2019.1

ISBN 978-7-5629-5951-9

Ⅰ. ①光…　Ⅱ. ①段…　Ⅲ. ①太阳能光伏发电-课程标准-研究-职业教育
Ⅳ. ①TM615

中国版本图书馆 CIP 数据核字(2018)第 279761 号

项目负责人：王兆国　　**责任编辑：**雷红娟
责 任 校 对：李兰英　　**封面设计：**匠心文化
出 版 发 行：武汉理工大学出版社
社　　址：武汉市洪山区珞狮路 122 号
邮　　编：430070
网　　址：http://www.wutp.com.cn
经　　销：各地新华书店
印　　刷：武汉中远印务有限公司
开　　本：710mm×1000mm　1/16
印　　张：15.25
字　　数：316 千字
版　　次：2019 年 1 月第 1 版
印　　次：2019 年 1 月第 1 次印刷
定　　价：59.00 元

前　言

《中华人民共和国可再生能源法》从 2006 年 1 月 1 日起正式实施。可再生能源之一的光伏产业迅猛发展，与此相适应，产业的快速发展使得光伏产业界对光伏方面的人才有了大量需求。职业教育由于其始终紧跟产业，随时为产业服务的自身特点，开始建立光伏专业。作为新专业，没有可参考的模板，只能根据产业的发展和需求，摸索着前进，逐步完善光伏专业的人才培养模式和课程体系等。在此情况下，中高职衔接的光伏专业课程体系和实践培养研究就具有重要的意义。

本书是作者在主持承担的广东省质量工程项目“终身教育背景下光伏应用技术专业的中高职衔接专业教学标准与课程标准研究与实践”、广东省教育科学十二五规划项目“基于项目教学的高职光伏专业人才培养质量测评系统研究”，以及佛山市教育科学十二五规划重点课题“职业教育主动适应区域经济转型和产业结构调整升级的光伏应用技术专业建设研究”的基础上，总结归纳形成了一套专业教学标准开发建设的完整体系，并在 2013—2017 级中高职衔接的光伏工程技术专业进行了多年的实践。

本书按照职业教育专业课程体系开发、实践和评价的流程将内容具体划分为光伏专业职业教育的现状、岗位职业能力分析、专业教学标准与课程标准建设、职业岗位监测系统建设、应用效果分析。最后在附录中提供了光伏工程技术专业教学中积累建设的教学资源。本书的内容可以为国内中高职院校建设中高职衔接五年贯通光伏专业提供专业建设流程和方法参考，也可以为新建的光伏专业提供相应课程的高质量的教材、课程资源及实训室配套建设资源，有利于促进国内新建光伏专业、新建中高职五年贯通光伏专业的快速发展。

唐建生教授、章大钧副教授从专业建设的角度对本书给出了相关的指导性建议。班群、胡昌吉、林涛、谭建斌、冯源、冯泽君、屈柏耿等参与了中高职衔接五年贯通专业教学标准中涉及的专业能力课程的课程标准的编写。顺德中山大学太阳能研究院的孙韵琳高工、董娴主任在人才需求调研、核心岗位的职业岗位能力测评试题的编写中从光伏行业企业的角度参与了相应的工作，提供了光伏行业企业的信息与职业岗位能力要求，促进了中高职衔接光伏专业人才培养与光伏行业企业的衔接。在此表示衷心的感谢！

由于时间有限，书中错误之处在所难免，欢迎读者批评指正。

作者

2018 年 10 月

目　录

绪　论

当前中等和高等职业教育在专业、课程与教材体系，教学与考试评价等方面仍然存在脱节、断层或重复现象，职业教育整体吸引力不强，与加强技能型人才系统培养的要求尚有较大差距。目前我国职业院校的生源逐次缩减已成为一个突出的问题，尤其是发达地区。逐年下降的生源人数，对现代职业教育体系的终身教育性提出了要求，要求职业教育的服务面必须拓展，可以方便成年人“回炉”接受相应水平的职业教育。

2010 年 7 月，国务院颁布了《国家中长期教育改革和发展规划纲要(2010—2020)》，随后，教育部相继颁布了职业教育改革和中高职协调发展的系列文件，北京、上海、宁波等地相继出台了中高职衔接的实施方案。广东省针对中高职衔接，先后有 3＋证书、三二分段人才培养模式等，这些模式从学制上进行了衔接，但在实践中发现存在系列问题。3＋证书从中职到高职，考虑了升学模式上的衔接，但却未考虑课程设置、技能重复训练等方面的问题；三二分段，从学制上进行了衔接，但没有做到人才培养方案上的有机衔接。目前三二分段是高职从中职选拔人才，由于中高职要求的不同，人才培养方案未有机衔接，对中职阶段专业整体的人才培养方案和人才培养模式造成一定的干扰。可以说三二分段存在中高职人才培养方案上的冲突。

中职阶段对学生的培养以技能为主，课程实训以获得中等职业资格证书为培养标准，学生在技能操作方面达到了一定的熟练程度。高职生源以高中学生为主，学生在理论基础上优于中职生源，但在高中阶段却不能获得中职学生所具有的中等职业技能，因此在高职阶段，课程设置上同样有职业技能训练，学生获得中级以上的技能证书。两类生源的学生不加分配地采用同样的人才培养方案，不可避免地会涉及技能型课程的部分内容重复，造成教学资源的浪费。同时中职学生以初中生源为主，由于人才培养目标以就业为主，在中职阶段重技能，文化课设置量大幅减少，导致文化课基础薄弱，中职学生在进入高职后，由于高职教育强调基础的工科类专业课程，学生明显会感觉吃力。学生可持续发展能力不足也是目前中高职教育所需要解决的问题。

基于以上原因，佛山市于 2012 年计划开展五年一贯制的人才培养模式试点，提出从学制和人才培养方案上均进行合理衔接，在中高职培养阶段，统一制定人才培养方案，确保课程结构上的衔接，以期避免中高职衔接所出现的问题。五年贯通被认为是中高职衔接贯通的良性模式，但具体如何有机衔接，并将其纳入终身教育体系的整个环节中，尚有许多问题需要讨论和解决，包括专业核心课程、专业基础课等等，并确保所设置的课程既保证学生技能的综合提升，又没有课程上的重复学习和训练等。因此，人才培养方案、专业教学标准、具体的课程标准等等都需要认真调研、分析和制定，确保学生职业技能的提升，职业素养的提升，课程标准与行业、企业的标准和职业资格标准的合理衔接,以与行业、企业的需求相对接。比如学生从中职到高职阶段技能的提升,职业素养的提升,从中级工到高级工的提升,从高级工到技师的提升等等。从高级工到技师需要有一定的时间,中高职合理衔接有利于技师的培养,这恰恰是产业的需要。

佛山职业技术学院地处佛山光伏产业基地的核心——广东省太阳能光伏产业专业镇乐平镇,是省内为数不多设有光伏工程技术专业的学校,在地方经济转型升级中发挥着重要作用。光伏工程技术专业获批成为佛山市中高职五年贯通试点专业,与三水理工学校、佛山华材职业技术学校的电子相关专业对接,从 2013 年至 2017 年招生中高职衔接五年贯通班。

光伏工程技术专业为战略性新兴产业——光伏产业培养高技能型人才,研究中高职衔接的人才培养方案和专业教学标准,必将为光伏产业高素质技能型人才的系统培养和终身教育能力提升提供示范作用和可借鉴的实践经验。

本书把中高职作为一个整体体系考虑,通过设置专业教学标准和课程标准,使中高职成为一个能力递进的、协调发展的上升体系。采用模块和学分制,制定合理对接的人才培养方案,为终身教育体系的良性运行奠定基础。

项目研究的方法:(1)改革之前相对独立的中高职人才培养方案,根据对佛山市及周边光伏企业的调研情况,制定五年贯通的人才培养方案、专业教学标准和课程标准。(2)改革高职课堂传统教学模式,采用模块划分各门课程内容,以便与中职课程有机衔接。统一制定中职阶段和高职阶段课程标准,避免中职阶段和高职阶段课程内容的重复,同时实现课程设置上的逐阶递进性,实现从技能操作到技术应用和一定创新能力的逐阶提升。(3)针对中职学生底子薄弱的情况,设置文化基础课课程模块,在进入高职 2 年学习前,提高中职学生的文化基础,为学习专业基础课打下基础。(4)推行学分制,为终身教育体系的良性运行奠定基础。

本书以佛山职业技术学院光伏工程技术专业为例,开展系列研究。佛山职业技术学院于 2010 年设立光伏工程技术专业,2012 年设立光伏产品检测技术专业,2016 年根据教育部专业目录调整要求,合并为光伏工程技术专业。本书所涉及专业名称均确定为光伏工程技术专业。项目开展研究的过程如绪图 1 所示。

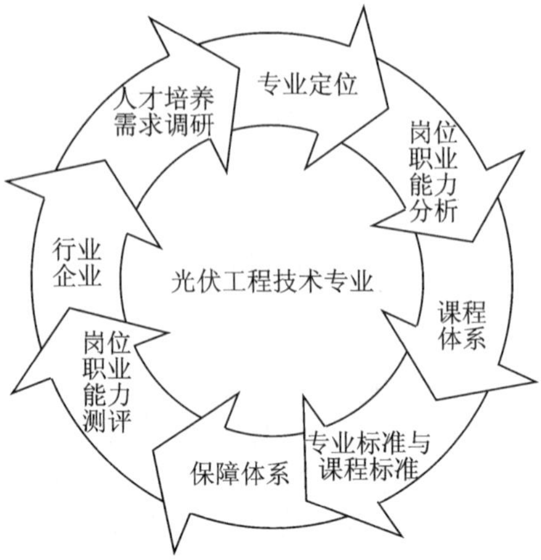

绪图 1　项目研究过程示意图

1 光伏专业职业教育的现状

1.1 光伏产业现状分析

1.1.1 我国光伏产业发展现状

自2012年哥本哈根气候大会,中国政府承诺中国碳排放降低的指标后,国务院新闻办公室发布了《中国的能源政策(2012)》白皮书,中国政府承诺,“到2020年非化石能源占一次能源消费比重将达到15%左右,单位国内生产总值二氧化碳排放比2005年下降40%至45%”。白皮书提出,大力发展新能源和可再生能源,是推进能源多元清洁发展、培育战略性新兴产业的重要战略举措,也是保护生态环境、应对气候变化、实现可持续发展的迫切需要。中国坚定不移地大力发展新能源和可再生能源。

2015年,习近平总书记在巴黎的联合国气候变化大会上承诺“中国将于2030年左右使二氧化碳排放达到峰值并争取尽早实现,2030年单位国内生产总值二氧化碳排放比2005年下降60%至65%,非化石能源占一次能源消费比重达到20%左右,森林蓄积量比2005年增加45亿立方米左右”。

新能源和可再生能源只有很少的污染物排放,清洁干净。目前各种发电方式的碳排放率(单位:碳/kW·h)分别为:煤发电为275,油发电为204,天然气发电为181,太阳能热发电为92,太阳能光伏发电为55,波浪发电为41,海洋温差发电为36,风力发电为20,水力发电为6。综合考虑各种发电方式用的原料和燃料的开采利用率、发电设备的制造、电网的建设、电力设备的运行以及维护保养等能耗,按照各种发电方式在寿命期间的发电量计算得出了其碳排放率。

近年,国家大力倡导新能源的发展利用,光伏发电作为清洁的可再生能源,已经成为可再生新能源发展中的重要组成部分之一。李克强总理在出席中国环境与发展国际合作委员会2012年年会开幕式并讲话时指出,到2020年,中国太阳能光伏发电装机总容量将达5000万千瓦。根据国际能源署与国家能源局的统计数据,截至2015年,我国光伏总装机容量达到了43.53GW,当年新增装机容量15.15GW,打破了德国的记录,成为全球年光伏发电装机容量最大的国家。截至2017年,中国连续五年成为新增装机容量全球第一的国家,成为名副其实的全球第一大光伏市场,对国际光伏市场也有很大的掌控力。从国家能源局光伏十三五规划来看,2020年光伏计划装机容量将超过100GW。未来5年我国年均光伏潜在装机规模将达10GW以上，继续保持全球最强劲增长的光伏市场。据专家预计，到2050年，我国太阳能发电将在整个能源结构中占20%～50%的比例。《中国制造2025》任务和重点中提出“大力促进新材料、新能源、高端装备、生物产业绿色低碳发展”。

国家能源局、国务院扶贫办等六部委于2018年4月19日联合发布的《智能光伏产业发展行动计划(2018—2020年)》指出，光伏产业是基于半导体技术和新能源需求而兴起的朝阳产业，是未来全球先进产业竞争的制高点。要全面贯彻党的十九大精神，深入实施《中国制造2025》，以推进供给侧结构性改革为主线，以构建智能光伏产业生态体系为目标，加快提升光伏产业智能制造水平，促进我国光伏产业迈向全球价值链中高端。并且提出，至2020年，智能光伏产业发展环境不断优化，人才队伍基本建立，标准体系、检测认证平台等不断完善。

1.1.2 广东光伏产业发展现状

在政策及市场的双重引导下，分布式光伏成为我国光伏产业的发展重心。同时，由于西部地区受困于弃光限电，我国光伏电站投资向中东部转移明显。中东部地区人口密集、土地资源稀缺，只适合发展分布式光伏，所以未来很长一段时间里，中东部地区的分布式光伏将成为我国光伏发展的主要力量。

广东省凭借有利的地区资源和光伏政策，光伏产业发展迅速。据国家能源局2016年2月份公布的统计数据得知，广东省2015年新增装机容量11万千瓦，光伏电站为5万千瓦。2015年分布式光伏发电装机容量为57万千瓦，2017年广东省分布式光伏装机容量达500MW，是我国分布式光伏发电装机容量较大的地区。粤发改能新〔2014〕496号《广东省太阳能光伏发电发展规划(2014—2020年)编制》指出，有序推进光伏发电项目建设，重点发展分布式光伏发电。2015年，推动佛山三水、广州从化、深圳前海国家分布式光伏应用示范区建设，年度新增建成光伏发电装机容量50万千瓦，新增投资40亿元。全省累计建成351个个人居民分布式光伏项目，总装机容量约2.4MW；从分布上来看，主要集中在佛山、广州、珠海、深圳、东莞、惠州等珠三角地区。其中以个人居民分布式项目为例，目前全省已建成351个个人居民项目，总装机规模达2.4MW，其中佛山有34个。2016年，新增光伏发电装机容量60万千瓦，新增投资48亿元。2017年，新增光伏发电装机容量60万千瓦，新增投资48亿元。

2018年5月31日，国家发展改革委、财政部、国家能源局发布《关于2018年光伏发电有关事项的通知》，指出随着我国光伏发电建设规模不断扩大，技术进步和成本下降速度明显加快，分布式光伏发电指标为10GW，上网电价统一下调0.05元/(千·瓦时)。对此，佛山市政府发文表示，原光伏补贴政策[按照实际发电量补助0.15元/(千瓦时)]延期到2023年12月30日。深圳市住建局发布《深圳市建筑节能发展专项资金管理办法》，办法中明确指出，对于太阳能光伏项目，根据年度实际发电量对项目人投资主体给予0.4元/(千瓦·时)的补贴，补贴时间为

5 年。根据预测，随着光伏成本的快速下降，2019 年光伏装机容量仍将继续提升。

《佛山市太阳能光伏产业发展规划(2010—2015)》提出，努力把佛山市打造成国内重要的太阳能产业基地和光伏应用示范基地，建成省内光伏发电与光伏建筑集成的推广示范区。三水区启动了广东省首个国家新能源示范城市建设。2014 年至今，佛山市政府及禅城区均发布文件，制定了分布式光伏发电项目奖励和补贴办法。三水工业园区是广东省产值最大的光伏产业基地，其所在地乐平镇被广东省科技厅命名为光伏专业镇，此地聚集了爱康科技等一批光伏大中型企业，已初步形成光伏产业中下游产业链。在禅城、顺德、高明等区还有佛山中商国通电子有限公司等多家企业研制生产太阳能自动跟踪器、逆变器、高压开关、变压器等光伏发电系统关键部件。

1.1.3　光伏产业发展急需大量技术技能人才

我国的光伏产业链已经形成，产业规模和技术水平都有相应提高，规模企业已经有几百家。但是，同发达国家相比，仍存在很大差距，主要表现在：光伏产业研发力量弱、科研基础薄弱；缺乏自主创新能力，自主知识产权少；设备水平和制造能力落后，关键技术和设备依靠引进；企业技术人才明显短缺，从业人员整体素质不高。据调查，目前我国最大的光伏企业员工已经超过 1 万人以上，发展速度很快，急需大量专业人才。

2013 年之前，国内光伏市场以产业链中上游的硅材料、太阳电池以及光伏组件为主，需要的技术人才也多是以材料、电池及组件的开发为主。2013 年之后，国务院发布《促进光伏产业健康发展的若干意见》等系列政策，加快产业转型升级，要求大力开拓分布式光伏发电市场。此后，各省市响应号召，纷纷出台了光伏电站并网及发电的补贴政策，大批企业转向光伏电站安装的业务。由此，需要的技术人员除了高效太阳电池研发外，光伏组件及光伏电站设计、安装及配套部件开发的技术人员需求急剧增长。特别是分布式电站市场的增长，大量非专业人员进入光伏行业开展分布式电站设计安装项目。同时，随着劳动力的短缺，光伏行业企业设备也向自动化设备转变，借此减少人力的使用。国家提出加快提升光伏产业智能制造水平，对光伏行业从业人员提出了更高的要求。

在国家发展一带一路的战略部署下，面对激烈的国际竞争、企业转型和产业升级，以及战略性新兴产业向中高端发展，原有的生产一线从业人员的技术技能水平已不能满足市场的发展需要。尤其是中国光伏市场成为全球最大的光伏市场，并且向产业链的中高端和智能化发展，对高等教育和职业教育的人才培养标准提出了较高的要求，迫切需要培养大量具有创新意识的高素质技术技能型人才。

培养大批量高素质劳动者是实现产业转型升级的必要条件，职业教育肩负着培养大批量高素质劳动者的重任，因此职业教育的提升不应只是量上的增长，更要寻求质的突破。高等职业教育作为高等教育的重要组成部分，重点是培养高端技术技能型人才，要以提高质量、创新体制和办出特色为重点，努力建设具有中国特色、达到世界水准的高等职业教育，在现代职业教育体系和产业转型升级中发挥重要作用。

1.2 职业教育研究分析

1.2.1 中高职衔接是终身教育体系完善和持续健康发展的重要环节

当前，我国正处于加快转变经济发展方式的历史关键时期，职业教育已经进入以全面提高技能型人才培养质量为核心的改革发展新阶段。《国家中长期教育改革和发展规划纲要(2010—2020)》提出："到2020年，形成适应经济发展方式转变和产业结构调整要求、体现终身教育理念、中等和高等职业教育协调发展的现代职业教育体系，满足人民群众接受职业教育的需求，满足经济社会对高素质劳动者和技能型人才的需要。"终身教育体系要求职业教育体系从中职、高职到本科，甚至研究生，形成一个终身教育能力方面的渐次提升。中高职衔接是整个终身教育体系下的一个重要环节。

《教育部关于推进中等和高等职业教育协调发展的指导意见(教职成[2011]9号)》提出了高等职业教育发挥引领作用，牵动中等职业教育发展，实现中、高职协调发展的要求。要求"根据经济社会发展实际需要和不同职业对技能型人才成长的特定要求，研究确定中等和高等职业教育接续专业，修订中等和高等职业教育专业目录，做好专业设置的衔接，逐步编制中等和高等职业教育相衔接的专业教学标准，为技能型人才培养提供教学基本规范"。

1.2.2 国家政策要求提高高等职业教育人才培养质量

《教育部关于全面提高高等职业教育教学质量的若干意见》指出，以服务为宗旨，以就业为导向，走产学结合发展道路，为社会主义现代化建设培养千百万高素质技能型专门人才。这就要求地方高职院校要以地方的社会经济、文化的发展服务作为办学定位，随着地方经济的发展不断更新教学理念，不断调整高职各专业的人才培养目标定位和进行教学模式创新，提高高职的人才培养质量，为区域经济发展培养所需的大批高素质技术技能人才。

《教育部关于充分发挥职业教育行业指导作用的意见》指出，职业教育要围绕国家战略需求，充分依靠行业，加强产学研合作，密切校企合作、工学结合，共同推进改革创新，增强人才培养的针对性和适应性，为实现全面建设小康社会奋斗目标提供有力的人力资源支撑。要求推进人才培养模式改革，实现教学过程和生产过程对接。依照新的人才培养观念，指导职业学校遵循教育规律和人才成长规律，根据职业活动的内容、环境和过程改革人才培养模式，做到学思结合、知行统一、因材施教，着力提高学生的职业道德、职业技能和就业创业能力，促进学生全面发展。紧贴实际生产过程进行教学模式的改革，倡导启发式、探究式、讨论式、参与式教学，深入开展项目教学、案例教学、场景教学、模拟教学等生动多样的教学方式和方法。

十八届三中全会通过的《中共中央关于全面深化改革若干重大问题的决定》指出，要“深化产教融合、校企合作，培养高素质劳动者和技能型人才。创新高校人才培养机制，促进高校办出特色争创一流。”要想不断提高人才培养质量，就要不断深化教育教学改革。

1.2.3　项目教学的人才培养模式是近年高等职业教育改革的热点

人才培养模式是指学校为实现其培养目标而采取的培养过程的构造样式和运行方式，就构成要素上来说，包括人才培养者、人才培养措施和人才培养对象三个方面，主要包括专业设置、课程模式、教学设计、教育方法、师资队伍组成、培养途径与特色、实践教学等。人才培养者在培养活动开始之前，就预先设立了一个培养目标。通过采取一定的措施用于培养对象，以使培养对象的身心发生变化。如果培养对象达到了培养者预先设立的目标，则一个培养过程就算完成了。设立培养对象达到目标的考核标准是衡量人才培养质量的核心点。不同构架的人才培养模式必然赋予人才培养质量评价体系不同的内容，只有详细分析了特定人才培养模式的内涵，才能构建合适的人才培养质量评价体系。

新加坡的“项目化教学工厂”模式无疑是非常成功的一种人才培养模式。“教学工厂”（Teaching Factory）模式，是新加坡南洋理工学院（Nanyang Polytechnic）前院长林靖东先生在发现大专院校毕业生不能很快适应工作岗位的需求，企业界要求学校必须重视学生实践能力培养的情况下，借鉴德国“双元制”模式，所创造的在学校的教学环境内营造企业实践环境，并将二者紧密融合的一种教学模式。新加坡南洋理工学院“教学工厂”模式中，企业项目和研发项目是极为重要的、不可缺少的环节，相关的项目可使学生将所学到的知识和技能应用于多元化、多层次的工作环境里。

北美的CDIO教育模式是“基于项目的学习”的一种工程技术人员培养模式。汕头大学发展的EIP-CDIO培养模式是一种以工程项目设计为导向、工程能力培养为目标的工程教育模式。工程项目设计是工程实践的精髓所在。功能、技术、经济以及环境、社会乃至历史的要求及其限制都在项目设计的过程中得到反映，EIP-CDIO培养模式就是通过项目设计将整个课程体系有机而系统地结合起来的。其特点是：所有需要学习和掌握的内容都围绕项目设计整个核心，形成一个有机的整体。通过精心规划项目的CDIO，可以引导学生对核心专业课程产生浓厚的学习兴趣，从而达到能力培养、综合发展的目的。EIP-CDIO主要是通过导论性的基础课程，从起始阶段就将工程实践引导入门，让学生尽早领略工程技术之美；在教学计划和教学实践中围绕项目设计将相关课程有机联系起来；通过贯穿专业学习全过程的 CDIO 项目，让学生在学习专业知识的同时直接体验高级设计过程，在知识的学习和应用之间形成良性互动。

我国大力推进学习国际先进的职业教育理念，尤其是近年来教育部组织大批教师出国学习新加坡的“项目化教学工厂”模式等，在部分专业和部分课程中也大力推行项目导向，任务驱动，由于是小部分课程的改革，虽获得了一定的成效，然而对整个专业课程体系系统设计的还是比较少。在产业转型升级背景下，要求高职培养具有一定创新能力和团队协作精神的高级技术技能型人才，基于项目教学的人才培养模式的系统研究尤其需要大幅推进。

1.2.4 高职院校人才质量评价体系的构建情况

教学质量保障体系是指全面提高教学质量的工作体系和运行机制，具体包括：以提高教学质量为核心，以培养高素质人才为目标，把教学过程各个环节、各个部门的活动与职能合理组织起来，形成一个任务、职责、权限明确，能相互协调、相互促进的有机整体。

高职人才质量保障体系具有自身的特性。在高等教育日益多样化发展的今天，各个层次、类别的教育在人才培养目标、培养方式和就业出路等方面都存在较大差异，因此，其人才培养质量保障体系也应有所不同，比如具备学生实践能力培养的保障、人才培养的企业岗位针对性能力保障等。高职教育质量保障体系具有多样性的参与主体，具体包括政府、企业、社会和学校四个具有不同价值取向和职能的群体，各主体的共同合作构成一个健全、有效的教育质量保障体系。并且，高职教育人才培养质量保障体系必须涵盖与教育教学质量有关的全部过程。

高职人才培养质量保障体系分为外在体系和内在体系。外在保障体系主要由政府、企业和社会三大主体构成，对高职院校的教育质量保障起到第三方监督、支持和反馈等作用。政府发挥主导作用，通过宏观调控体现出来，通过相关法律条文和规章的制定来具体实施。企业主要是进行人才培养质量的测评并与高职院校进行联合培养，为高校提供一定的办学条件支持等。社会主要起舆论监督作用，并给予一定的财力、物力支持。内在保障体系由高职院校自身组成，主要包括学校教育教学的各个职能部门，各个组成部分相互联系、相互促进并互为制约。高职院校内在质量保障体系主要由八方面组成，包括相关规章制度的制定，学科课程的合理设置，教学设备等硬件条件的支持和保证，学生实习、实训实践活动的开展，学校对学生学业的考核，学校井然有序的日常管理，学校内部自我教学质量监控的措施，完成学校教育教学任务的强有力师资保障。

长期以来，关于高等职业教育质量的研究，特别是关于高等教育质量评价的研究受到了学界的关注，关于学生质量评价的研究却寥寥无几。学生质量是教育的落脚点，也应当是评价学校教育质量的核心。教育是培养人的特殊活动，教育本身受到各种因素的影响，而教育服务对象的成长也同样受到各种因素的影响，在这样“双动态”的情况下，因与果将变得非必然化。单纯从高等教育服务质量本身进行研究和评价是不全面的且缺乏针对性，我们应当从高等教育的对象入手，即从评价学生的质量出发去研究教育质量，能够更有针对性地评价教育质量，发现影响教育质量的各种因素。因此，构建学生质量评价体系应当是评价高职院校人才培养质量的根本出发点。

1.2.5 学习者的职业能力研究是国际职业教育研究的重点

职业教育的目的是促进学习者综合职业能力的发展和职业素养的提高，但对职业能力进行科学的评价却非常困难。职业能力研究是国际职业教育研究和革新实践中的一个重点，我国对职业能力的理解很大程度上受到了西方的影响，如国家职业资格证书体系采用了类似英国的 NVQs 和美国的 DACUM 课程开发方法中的行为主义定义，但同时又有很多职业教育机构引进了德国建立在情境学习理论和建构主义基础上的职业行动能力和设计导向职业教育概念。对职业能力的不同认识，演绎出了不同的职业教育课程模式、教学和评价方案。鉴于对能力理解的过于多样化，大家意识到，只有在实证研究方面有所突破，职业能力研究才能为职业教育实践提供更多的指导。

迄今为止，我国的职业能力测评主要是学校内部的教学质量监控活动，采用的能力模型和评价体系有较强的学校或区域性特征，无法进行校际之间和区域间的比较。职业能力与职业认同感测评(COMET)是起源于德国，由瑞士和南非等国参与的国际职业教育比较研究项目。该项目采用大规模能力诊断方法，对学生的职业能力、职业承诺和职业认同感发展情况进行评价，在此基础上进行教学质量比较，并为教学改革和政策制定提供依据。COMET 能力模型和测评模型的理论基础是设计导向的职业教育思想、行动导向教学、发展性任务、职业成长的逻辑规律和工作过程知识等先进的职业教育理论，容易得到大家的认可。该项目建立了科学的对职业能力解释框架，不仅可以用来对职业教育教学质量进行诊断和评价，而且能够为教师的教学设计提供直接的支持。

1.3 光伏专业职业教育现状

随着光伏产业的快速发展，对人才，尤其是技术技能人才的需求量很大。自2010 年以来，为了适应当地的产业发展对人才的需求，全国各地的中高职学校陆续开设了光伏专业，目前全国共有 175 所高职院校开设了新能源类专业，其中开设了光伏类专业的学校共有 100 多家。

1.3.1 国内职业教育中光伏专业的开设情况

国内光伏专业多在 2010 年左右开始建设，近年，随着光伏产业市场的成熟化发展，职业教育中开设光伏专业的学校也逐渐增多，专业的名称也根据光伏产业链中的定位有所不同，侧重点不同。表 1-1 列出了全国光伏类相关专业情况。

表 1-1 全国光伏相关专业一览表

序号	专业名称
1	新能源应用技术
2	光伏发电技术及应用
3	太阳能光电应用技术
4	硅材料技术
5	光伏产品检测技术（2016 年改为光伏工程技术）
6	应用电子技术（光伏器件加工与应用方向、应用电子技术新能源方向、太阳能光电技术方向）
7	新能源电子技术
8	光伏应用技术（2016 年改为光伏工程技术）
9	光电子技术
10	节能工程技术

中西部地区主要为光伏上游、多晶硅产业基地，较早开设光伏专业的有江西新余学院、江西太阳能科技学院、湖南理工职业技术学院、乐山职业技术学院等，其光伏类专业主要是偏向光伏材料。大型光伏电站主要聚集于西部地区，与此相适应，较早开设光伏专业的有武威职业技术学院、酒泉职业技术学院，主要偏向光伏电站的施工运行。江浙一带是光伏产业链中游如太阳电池及光伏组件的产业基地，与此相适应，较早开设了光伏专业的学校如无锡职业技术学院、常州职业技术学院、衢州职业技术学院等主要是偏向光伏组件及应用方向。其他的如山东理工职业技术学院、天津轻工职业技术学院、南京工业职业技术学院、海南职业技术学院、徐州职业技术学院等开设的光伏专业主要是偏向光伏发电电源方向或者光伏电站的施工与维护方向。

广东省是我国重要的光伏产业基地，主要的企业涵盖了光伏产业链的中下游环节，如太阳电池、光伏组件及光伏电站项目，开设光伏专业或方向的高职院校有 8 所，如广东机电职业技术学院、广东水利电力职业技术学院等。佛山市是广东省的三大光伏产业基地之一，佛山职业技术学院是广东省最早开设光伏专业的高职院校。

1.3.2 国内光伏专业人才培养模式及相关情况

自 2010 年以来，全国有约 100 多家中高职院校开设了光伏相关专业，但由于前期的准备不足，光伏专业师资极度匮乏，各个学校基本都是简单地送教师去企业或高校进行短期培训，即开始授课；并且各个学校都是根据本学校原有的专业情况，在此基础上开设光伏相关专业，光伏专业的课程体系都是在原有专业的基础上添加几门光伏相关课程，没有经过系统化的设计，对光伏专业的人才培养模式及其质量评价体系构建也亟须优化。

光伏产业作为战略性新兴产业，不断转型升级，给光伏专业建设及人才培养的系统化增加了难度。系统开展光伏专业建设及人才培养方法研究可为国内高职光伏专业的人才培养质量评价提供参考，具有推广价值。

2　岗位职业能力分析

为了使专业能够适应光伏产业的发展，首先开展了区域光伏产业调研；然后根据产业调研报告情况，确立专业核心岗位；最后选取核心岗位，开展核心岗位的职业能力分析会，获得核心岗位的职业能力分析表，作为专业课程体系设置的依据。

2.1　光伏产业调研与核心岗位确立

2.1.1　调研的范围与调研方法

从2012年6月开始每年开展一次光伏产业调研。针对典型的光伏企业，设计了调研方案、调研问卷、企业访谈提纲、企业人力资源调研问卷、企业员工调研问卷等，并采用软件分析了数据，形成佛山市光伏产业调研报告、××××太阳能科技有限公司岗位调研报告等。

调研主要采取三种方法，具体如下：

(1)文献调研：收集、分析政府部门关于经济和产业发展的规划、相关政策文件、政府工作报告、总结材料等。对近年市区镇三级政府组织制定的重点行业和新兴产业人才需求保障计划进行广泛收集研究。

(2)问卷调研：对行业、典型企业、职业院校的毕业生进行问卷调查，了解行业企业现状及发展趋势，了解职业院校毕业生就业情况，了解企业现在及未来3年对技能人才需求的情况。

(3)座谈调研：在问卷调查的初步分析基础上，组织政府相关部门、行业协会、专家针对一些具体问题进行专题座谈，以对一些问题进行深入了解。

调研过程中，针对不同的调研对象采用了不同的访谈提纲和调研问卷，使获得的数据更有针对性。例如，针对企业人力资源的访谈提纲，主要涉及以下问题：

1.本企业设置了哪些部门？这些部门(如生产管理部门、技术设计部门)对人才学历要求、专业、规格要求，对技能型人才的需求和要求是什么？未来五年企业发展对这些部门会有所侧重和调整吗？

2.企业目前员工中的专业比例如何？有没有学历层次和结构？能否给出？2012年拟招聘哪些专业？学历层次、人数比例如何？

3.企业相关部门都设置了哪些岗位？中高职培养的技能型人才在企业的需求、适应情况。

4.企业目前急需、紧缺人才的岗位有哪些？一般相对应的招哪些专业的学生？

未来5年预计新增岗位和所属专业有哪些？

5.本公司的企业文化是什么，企业有没有什么代表企业文化精神的口号、logo？

6.企业与国外有贸易往来或合作交流吗？

7.珠三角经济转型，对企业有影响吗？有哪些影响？列举两三个。

8.企业在人才岗位培训方面做了哪些工作？培训方式和培训内容是什么？

9.企业对员工的素质要求是什么？（要求企业提供一些员工考核的资料或标准。）

10.企业对校企合作人才培养有哪些看法？有哪些建议？

佛山市乐平镇为广东省光伏专业镇，三水区为广东省的三大光伏产业基地之一，汇集了一批光伏产业链中下游及辅料企业。针对佛山市光伏产业的特点，我们对乐平工业园以及典型企业如爱康太阳能科技有限公司的企业人力资源管理部门以及生产一线的员工都开展了相应的调研，了解了行业的发展现状与趋势以及企业员工的工作技能情况等，获得了第一手资料，为更好地调整优化光伏专业课程体系和课程改革打下了良好的基础。

专业建设过程中通过调研，形成的调研报告如表2-1所示。在实施过程中，根据行业的发展，每年进行更新调整。

表2-1 光伏工程技术专业主要的调研报告

序号	名称	范围
1	国内大专院校光伏专业调研报告	国内大中专院校
2	广东省周边地区光伏产业调研报告	广东省周边地区
3	广东省光伏产业调研报告	广东省
4	佛山市光伏产业调研报告	佛山市
5	××××太阳能科技有限公司岗位调研报告	典型企业

2.1.2 开展光伏产业链下游企业调研，确立人才培养目标

在之前数年调研的基础上，2016年，委托广东省太阳能协会对广东省乃至佛山市的光伏行业企业开展了企业问卷调研，并进行了总结分析。为了避免先入为主，没有采用选项的形式，全部由企业自主填写。对广东省75家光伏相关企业发放问卷，其中有45家光伏企业回复，成功收回45份调查问卷。调研的主要项目包括企业需要人才的岗位名称、岗位的技能要求、相应岗位的学历要求、职业资格证书、未来三年需要的人才的数量等信息。从成功回收的45份问卷中，去除对岗位需求漏填或者不符合实际情况的企业，剩余36家企业满足要求，36家光伏企业及光伏相关企业未来3年共需光伏及相关技术技能型人才909人。未来三年，广东

地区光伏技能型人才的就业目标企业主要分为三类：

(1)光伏项目开发，逆变器和组件销售人员。

(2)光伏电站运维人员。

(3)光伏系统工程师、电气工程师和结构工程师。

根据对佛山市乃至广东省光伏产业企业的调研表明，目前广东的光伏产业主要分布在光伏产业链中下游，尤其是光伏应用产品以及光伏电站相关部件等的生产、出口，相关企业需要大量工程技术应用型的光伏专业人才。通过对职业岗位的分析，确定了在具有必备的光伏技术基础理论知识和专业知识的基础上，具备良好的职业道德和敬业精神，具备较强的工程实践能力，从事光伏发电系统集成设计、光伏电站施工管理与维护、光伏应用产品开发与生产管理及相关检测的发展型、复合型和创新型技术技能型人才。

2.1.3 典型人才需求调研报告(2016年)

2016年光伏工程技术专业人才需求分析报告

一、光伏产业背景

(一)产业政策环境

国家近期发布了三个重要光伏政策。第一，国家能源局于2016年6月3日《国家能源局关于下达2016年光伏发电建设实施方案的通知》中指出，2016年下达全国新增光伏电站建设规模1810万千瓦，其中，普通光伏电站项目1260万千瓦，光伏领跑技术基地规模550万千瓦；第二，2016年6月8日国家能源局、工业和信息化部、国家认监委联合对外发布《关于促进先进光伏技术产品应用和产业升级的意见》，提出要提高光伏产品市场准入标准，实施“领跑者”计划，引导光伏技术进步和产业升级；第三，2016年3月23日国家五部委《关于实施光伏发电扶贫工作的意见》指出，在2020年之前，重点在前期开展试点的、光照条件较好的16个省的471个县的约3.5万个建档立卡贫困村，以整村推进的方式，保障200万建档立卡无劳动能力贫困户(包括残疾人)每年每户增加收入3000元以上。从以上可以了解，2016年国家对光伏行业指标有所加重，侧重于光伏扶贫和光伏领跑者计划，从这两方面有效缓解落后地区经济问题和光伏产品质量问题。

近年来，广东省发布了以下几个较为重要的光伏相关政策。第一，2014年广东省政府办公厅发布《关于促进光伏产业健康发展的实施意见》，主要内容是省战略性新兴产业发展专项资金给予光伏产业支持，自发自用电量纳入节能统计和考核；第二，2014年广东省发改委发布《广东省太阳能光伏发电发展规划(2014—2020年)》，主要目的是明确发展目标，简化项目管理；第三，2015年广东省发改委发布《关于加快推进我省清洁能源建设的实施方案》，主要目的是推动出台省级资金扶持政策;第四,2015 年广东省经济和信息化委员会发布《加快省产业转移工业园分布式光伏发电推广应用工作实施方案》,主要目的是解决对产业园区内分布式项目屋顶业主给予补贴等问题。从以上政策可以了解,广东省对全省光伏发展从规划到落实及对企业光伏发电政策补助等有明确的保障,激发了光伏企业开拓光伏市场的热情和信心。

(二)产业发展状况

截至 2015 年底,我国光伏发电累计装机容量 4318 万千瓦,成为全球光伏发电装机容量最大的国家。其中,光伏电站 3712 万千瓦,分布式装机容量 606 万千瓦,年发电量 392 亿千瓦·时。2015 年新增装机容量 1513 万千瓦,完成了 2015 年度新增并网装机 1500 万千瓦的目标,占全球新增装机的四分之一以上,占我国光伏组件年产量的三分之一,为我国光伏制造业提供了有效的市场支撑。全国大多数地区光伏发电运行情况良好,全国全年平均利用小时数为 1133 小时,西北部分地区出现了较为严重的弃光现象,甘肃全年平均利用小时数为 1061 小时,弃光率达 31%;新疆维吾尔自治区全年平均利用小时数为 1042 小时,弃光率达 26%。

光伏发电呈现东中西部共同发展的格局。中东部地区有 6 个省累计装机容量超过 100 万千瓦,分别是江苏(422 万千瓦)、河北(239 万千瓦)、浙江(164 万千瓦)、山东(133 万千瓦)、安徽(121 万千瓦)和山西(113 万千瓦)。新疆(含兵团)、内蒙古和江苏居新增装机容量前三位,分别为 210 万千瓦、187 万千瓦和 165 万千瓦。分布式光伏发电装机容量较大的地区有浙江(121 万千瓦)、江苏(119 万千瓦)和广东(57 万千瓦)。我国近几年光伏发电装机容量规模及增长趋势如图 2-1 所示。

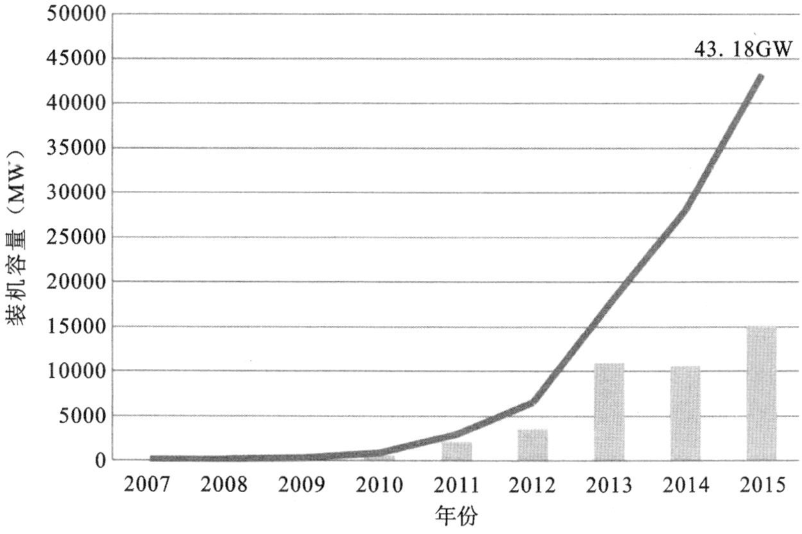

图 2-1 我国近几年光伏发电装机容量规模及增长趋势

截至2015年，广东省累计装机规模约85万千瓦，新增32万千瓦。广东省分布式累计装机容量约80万千瓦，2015年新增27万千瓦；全省累计建成351个个人居民分布式光伏项目，总装机容量约2.4MW；从分布上来看，主要集中在佛山、广州、珠海、深圳、东莞、惠州等珠三角地区。其中以个人居民分布式项目为例，目前全省已建成351个个人居民项目，总装机规模达2.4MW，不仅广州（117个）、深圳（28个）、佛山（34个）等珠三角地区居民建设光伏系统的积极性较高，韶关（21个）、茂名（33个）、云浮（23个）等粤东西北地区的积极性也较高。广东省光伏电站：全省累计备案电站项目39个，装机容量184万千瓦，其中2015年备案项目28个，装机容量约153万千瓦。全省累计建成电站项目装机容量5万千瓦。从已备案项目的分布上来看，主要集中在阳江、湛江、汕尾、河源、梅州等粤东粤西地区。

二、产业人才需求分析

（一）光伏产业人才需求宏观环境分析

根据调研，在珠三角地区，光伏产业及相关产业从业人员约4万人，其中太阳电池和光伏组件生产与质量检测、光伏电站设计施工、光伏电站配套部件设计制造、光伏应用产品设计制造等人员占50%以上。

由于光伏产业的快速发展，训练有素的光伏产业技术工人和从事光伏发电系统技术设计、施工的专业技术人才大量短缺。根据《佛山市中长期人才发展规划纲要（2010—2020年）》预测，到2015年，光伏产业人才需求为0.53万人，到2020年，人才需求为1.36万人。

（二）光伏行业人才需求特点分析

根据本次调研企业反馈信息整理的光伏行业人才需求特点，主要分为三类，第一类为项目开发类，项目开发主要是指光伏电站前期商务开发和逆变器和组件销售等岗位。根据接受问卷调查光伏企业及光伏相关企业反馈，该类型的人才要求具备较好的技术基础和与人交流沟通的能力及其他综合能力；第二类为研发工程类，主要包含新技术的研发和光伏系统工程师和电气工程师及结构工程师等岗位，学历需求偏向本科或者本科以上，因为该研发工程类岗位对专业性知识要求较高；第三类为项目管理类，主要包含项目经理和施工员、监理员等技术岗位，该类型的光伏行业人才需要对工程有足够经验，对施工现场时间进度和风险把控尤为关键。

（三）区域光伏行业人才调研分析

2016年6月至7月，我们对广东省内光伏企业和光伏相关企业进行了光伏人才需求调研，调研的形式为主观性问卷，为避免先入为主，我们没有采用选项的形式，全部由企业自主填写。对广东省75家光伏相关企业发放问卷，其中有43家光伏企业和光伏相关企业进行了回复，成功收回45份调查问卷。调研的主要项目包括企业需要人才的岗位名称、岗位的技能要求、相应岗位的学历要求、职业资格证书、未来三年需要人才的数量等信息。问卷的样式如图2-2所示。

从成功收回的45份问卷中，去除对岗位需求漏填或者不符合实际情况的企

佛山职业技术学院

光伏工程及相关岗位需求调查问卷

贵单位名称：广东力特工程机械有限公司　单位性质：国有

你的部门：工程技术中心　担任的职务：副主任

联系方式：13826077197　E-mail 地址：niatzsq@126.com

贵单位现有规模：530 人；　成立年限：1994

岗位及要求情况：

序号	岗位名称	所属所业	人数	需要的知识或技能	需要学历			职业资格证书	3年内计划招聘光伏专业	
					大专	本科	研究生		人数	方向
1	技术员	电气工程		光伏电站电气设备安装调试	√				10	光伏工程
2										
3										
4										
5										
6										
7										
8										

对高职光伏专业人才培养的建议：

高职光伏专业人员培养最好是技能型，入司之后能直接参与施工，具体完成方案的策划及具体施工操作。

图 2-2　光伏人才需求调查问卷样式

业，剩余 36 家企业满足要求，这 36 家光伏企业及光伏相关企业未来 3 年共需光伏及相关技术技能型人才 909 人。调研企业清单见表 2-2。

表 2-2　光伏人才需求调研企业清单

序号	企业名称	未来 3 年光伏人才需求(人)	备注
1	深圳市普乐士网络科技有限公司	20	光伏相关企业
2	佛山御阳新能源科技有限公司	6	光伏企业
3	广东力特工程机械有限公司	10	光伏相关企业
4	广东产品质量监督检验研究院	6	光伏企业
5	Intertek 天祥集团	20	光伏企业
6	华润电力新能源华南分公司	3	光伏企业
7	深圳市博亮天安科技发展有限公司	24	光伏企业
8	中国电器科学研究院有限公司	3	光伏相关企业
9	广东集明能源开发有限公司	10	光伏企业
10	东莞市光合新能源有限公司	5	光伏企业
11	广东省南控电力有限公司	30	光伏相关企业
12	广东光合新能源有限公司	20	光伏企业
13	深圳市拓日新能源科技股份有限公司	8	光伏企业
14	广东五星太阳能股份有限公司	8	光伏相关企业
15	广东全日科技太阳能有限公司	94	光伏相关企业
16	广州爱启提测试仪器有限公司	4	光伏企业
17	惠州小明太阳能投资管理有限公司	26	光伏企业
18	广东茂宜新能源有限公司	10	光伏企业
19	广东猎日新能源科技有限公司	30	光伏企业
20	广东中山市日田实业有限公司	1	光伏企业
21	珠海兴业新能源科技有限公司	45	光伏企业
22	中国南玻集团股份有限公司	255	光伏企业
23	佛山盈科智网新能源技术有限公司	22	光伏企业
24	正硅新能源管理投资(深圳)有限公司	10	光伏企业
25	深圳光寰新能源科技有限公司	10	光伏企业
26	佛山德九新能源光电有限公司	29	光伏企业
27	广州御晟能源科技有限公司	22	光伏企业
28	广东招阳光伏科技发展有限公司	24	光伏企业

续表 2-2

序号	企业名称	未来3年光伏人才需求(人)	备注
29	深圳市光达在线动力科技有限公司	28	光伏相关企业
30	广东爱康太阳能科技有限公司	10	光伏企业
31	广东南海电力设计院工程有限公司	3	光伏相关企业
32	深圳珈伟光伏照明股份有限公司	20	光伏企业
33	上海神舟电力有限公司	50	光伏企业
34	广东红日节能环保科技有限公司	8	光伏相关企业
35	广东永光新能源设计咨询有限公司	15	光伏企业
36	顺德中山大学太阳能研究院	20	光伏企业
合计		909	

1.需求岗位分析

由于此次调研采用了主观式问卷的方式，未列出固定岗位选项供调研企业选择，因此各企业填写需求岗位形式多样，我们采用归类法进行分析，将各企业需求人才的岗位归为以下13类：

(1)光伏系统工程师(光伏系统工程师、系统工程师)

(2)电气工程师(电气设计工程师、现场电气工程师)

(3)结构工程师(结构工程师、土建工程师)

(4)研发工程师(太阳电池、光伏组件研发工程师)

(5)运维工程师(运维工程师、运营人员)

(6)助理工程师(实习生、学徒)

(7)商务人员(项目开发、逆变器销售、组件销售、光伏专员、业务员)

(8)监理员(施工监理、质量监控人员、品质工程师)

(9)测试员(检测员、检验辅助工、测试工作人员)

(10)技术员(技术骨干、售后工程师、培训专员)

(11)施工员

(12)项目经理(施工项目进度把控人员、采购员、项目主管)

(13)其他(仓管员、车间管理员、概算分析工程师)

通过统计分析，调研企业对各岗位的人才需求分布如图2-3所示。

2.人才需求企业类型分布

光伏企业基本上是近几年因为光伏产业发展机遇而成立的企业，光伏相关企业主要是由电气方面的企业入行光伏行业，光伏企业主要分布于逆变器生产和销售企业，组件生产和销售企业，光伏电站设计企业，光伏电站施工管理企业，监理、

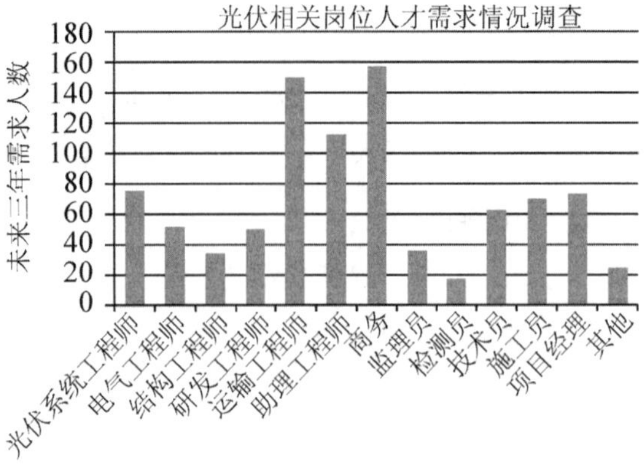

图 2-3 调研企业岗位需求分布

检测、运维等光伏企业，我们将这些企业分为两大类：光伏企业和光伏相关企业，划分的标准是：光伏业务量占总业务量 50% 以上即为光伏企业，否则为光伏相关企业。对某一项业务是否为光伏业务的认定标准是：涉及光伏产业具体产品交易和技术服务等即为光伏业务。

经过佛山职业技术学院联合顺德中山大学太阳能研究院认真、细致和卓有成效的工作，对广东 43 家被调研企业的属性进行了客观准确的归类，按上述标准统计，去除对岗位需求漏填和误填企业，剩余 36 家被调研的企业中光伏企业占 27 家，光伏相关企业占 9 家。这两类企业的人才需求分布如图 2-4 所示。

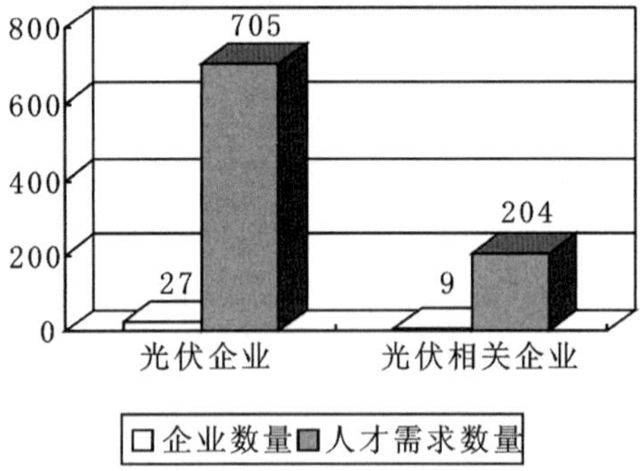

图 2-4 人才需求分布

从以上图表分析可知，光伏企业未来三年平均每家企业需求人才为 26.1 人，光伏相关企业未来三年平均每家企业需求人才为 22.67 人，可见，光伏企业和光伏相关企业未来三年对光伏人才需求都比较旺盛。

3. 未来三年广东地区光伏人才需求预测

光伏技能型人才的就业目标企业主要分为三类：

(1)光伏项目开发、逆变器和组件销售人员

光伏项目开发、逆变器和组件销售人员是近年需求最大的光伏人才，2016 年 6

月3日国家能源局下发的2016年光伏建设实施方案中明确指出，2016年下达全国新增光伏电站建设规模1810万千瓦，其中，普通光伏电站项目1260万千瓦，光伏领跑技术基地规模550万千瓦，相比2015年的指标有所增长，激发光伏企业开拓光伏行业市场。比如，本次调研企业之一，佛山盈科智网新能源技术有限公司，未来三年人才需求中指出需要光伏村地推人员（商务）达到20人，其他岗位仅需2人，其他光伏企业也有类似情况，主要集中在逆变器、组件和户用系统开发公司。

(2)光伏电站运维人员

光伏电站运维人员需求位居第二位。截至2015年底，我国光伏发电累计装机容量4318万千瓦，成为全球光伏发电装机容量最大的国家。其中，光伏电站3712万千瓦，分布式装机容量606万千瓦，年发电量392亿千瓦·时。2015年新增装机容量1513万千瓦，完成了2015年度新增并网装机1500万千瓦的目标，占全球新增装机的1/4以上。我国光伏装机容量不断增加，成为全球光伏装机容量最大的国家，未来几年该趋势保持不变。建好的光伏电站，企业为了获得更好的收益，对专业的光伏电站运维人员的需求也大幅度增加，主要是针对电站的清洗和日常维护及对电气维修的核心工作。

(3)光伏系统工程师

光伏系统工程师未来几年的需求也相对较大，主要原因是前面几年主要集中于大型的地面光伏电站和山地光伏电站设计以及农光互补等光伏电站设计，光伏发展趋势主要往大工业园区、商业建筑、居民社区等分布式光伏发展，由于项目分布式屋顶数量多，情况相对复杂，差异性较大，所以未来光伏系统设计、电气设计、结构设计人才将会不断增加。

三、广东省及国内相同（相关）专业办学状况分析

高等院校是国家科技人才培养的基地，对新技术的应用与推广起着至关重要的作用，光伏作为一项新兴产业技术，许多高校已经对其进行了探索和深入的研究。

（一）相同（相关）专业办学情况

根据国内权威光伏网站Solarzoom光伏太阳能网查询到目前全国有59所高校设有光伏相关专业，见表2-3。

表2-3 全国59所高校所设光伏相关专业

序号	高校名称	相应专业或院系	备注
1	南昌大学	太阳能光伏学院	江西
2	南昌理工学院	太阳能光电工程学院	江西
3	新余学院	光伏材料加工与应用技术专业	江西
4	江西新能源科技职业学院		江西

续表 2-3

序号	高校名称	相应专业或院系	备注
5	江西工程学院	新能源工程学院	江西
6	江西渝州科技职业学院	环境与能源工程学院	江西
7	江西工业工程职业技术学院	电子与计算机系	江西
8	九江职业技术学院	光伏材料加工与应用技术专业	江西
9	常州工学院	新能源科学与工程专业	江西
10	淮海工学院	新能源科学与工程专业	江苏
11	南京工业职业技术学院	能源与电气工程学院	江苏
12	江苏泰州职业技术学院	电子与信息工程系	江苏
13	徐州工程学院	数学与物理科学学院	江苏
14	徐州工业职业技术学院		江苏
15	南京信息职业技术学院	微电子学院	江苏
16	江苏工程职业技术学院	机电工程学院	江苏
17	淮安信息职业技术学院	新能源应用技术专业	江苏
18	常州信息职业技术学院	光伏发电技术及应用	江苏
19	扬州职业大学	光伏材料加工与应用技术	江苏
20	无锡科技职业学院尚德光伏学院		江苏
21	常熟理工学院阿特斯光伏科技学院		江苏
22	四川大学	新能源与低碳技术研究院	四川
23	成都理工大学工程技术学院	核工程与新能源技术系	四川
24	四川科技职业学院	汽车交通学院	四川
25	乐山职业技术学院	新能源工程系	四川
26	浙江大学	新能源科学与工程专业	浙江
27	衢州职业技术学院	光伏应用技术专业	浙江
28	浙江嘉兴海宁市高级技工学校	光伏发电与应用技术高级工	浙江
29	上海交通大学太阳能研究所	隶属于上海交通大学理学院物理系	上海
30	上海电力学院	上海电力学院电气久能太阳能研究所	上海

续表 2-3

序号	高校名称	相应专业或院系	备注
31	上海大学	理学院物理系	上海
32	华北电力大学	能源工程及自动化专业	北京
33	北京理工大学	物理学院	北京
34	南开大学		天津
35	天津中德职业技术学院	新能源应用技术专业	天津
36	天津轻工职业技术学院	光伏发电技术及应用	天津
37	陕西航天职工大学	光伏发电技术及其应用专业	陕西
38	陕西工业职业技术学院	光伏电子技术及应用专业	陕西
39	山西机电职业技术学院	光伏材料加工与应用技术	山西
40	洛阳师范学院	物理学(光伏科学与技术方向)	河南
41	河南科技专修学院	光伏新能源专业	河南
42	河南城建学院	应用物理学专业	河南
43	郑州职业技术学院	电器电子工程系	河南
44	湖北工业大学	电气与电子工程学院	湖北
45	中南大学	新能源科学与工程专业	湖南
46	湖南理工职业技术学院	光伏发电技术及应用专业	湖南
47	兰州交通大学	新能源与动力工程学院	甘肃
48	武威职业技术学院	太阳能光伏发电及应用专业	甘肃
49	山东理工职业学院	光伏发电技术及应用专业	山东
50	皇明太阳能工程技术学院		山东
51	合肥工业大学	电力电子及电力传动	安徽
52	广东机电职业技术学院	太阳能光电应用技术	广东
53	中山大学	中山大学太阳能系统研究所	广东
54	佛山职业技术学院	光伏应用技术专业和光伏产品检测专业	广东
55	厦门大学	新能源科学与工程专业	福建
56	牡丹江大学	光伏发电技术与应用专业	黑龙江

续表 2-3

序号	高校名称	相应专业或院系	备注
57	牡丹江大学光伏学院		黑龙江
58	辽宁工业大学	光伏学院	辽宁
59	云南师范大学太阳能研究所		云南

对表 2-3 进行整理分析可获得全国 59 所设有光伏相关专业高校分布图(图 2-5)。

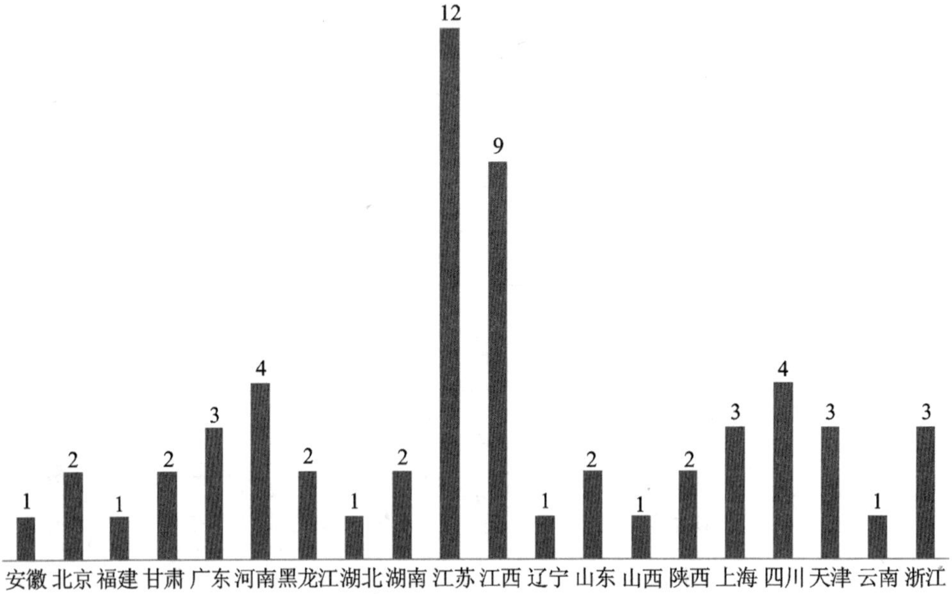

图 2-5　全国 59 所设有光伏相关专业高校分布图

从图 2-5 可知，江苏有 12 所高校设有光伏相关专业，数量最多，其次是江西。广东只有 3 所院校设有光伏专业，分别是中山大学、佛山职业技术学院、广东机电职业技术学院。

(二)人才培养模式对比分析

为了更好区别高职院校和本科院校光伏人才培养模式，下面抽取十个不同省份的本科高校进行分析，见表 2-4 和表 2-5。

表 2-4　抽取开设光伏专业的十所本科高校

序号	本科高校名称	相应专业或学院	省份
1	上海电力学院	电气久能太阳能研究所	上海
2	华北电力大学	能源工程及自动化	河北

续表 2-4

序号	本科高校名称	相应专业或学院	省份
3	中山大学	中山大学太阳能系统研究所	广东
4	南开大学	光电子技术科学专业	天津
5	南昌大学	南昌大学太阳能光伏学院	湖南
6	合肥工业大学	教育部光伏系统工程研究中心	安徽
7	云南师范大学	云南师范大学太阳能研究所	云南
8	四川大学	四川大学材料科学与工程学院	四川
9	北京大学	北京大学工学院太阳能工程中心	北京
10	厦门大学	厦门大学光伏技术研究所	福建

表 2-5　人才培养模式和方向调查结果

院校名称	主要人才培养模式和方向
上海电力学院	主要从事太阳能光伏发电并网的开发应用
华北电力大学	太阳能发电及相关领域的科学技术应用、研究及技术开发与管理工作
中山大学	太阳能材料、纳米功能材料、太阳电池理论(光伏物理)与工艺,光伏系统技术,光伏器件与系统测试、太阳能发展战略
南开大学	研究电池,专门供给中国卫星做空间电池
南昌大学	材料科学与工程、光伏电池工艺与检测
合肥工业大学	光伏系统技术、复合能源系统、特种电源技术、电力传动技术
云南师范大学	光电理论、新型太阳电池材料及其太阳电池、多晶硅太阳电池、晶体硅太阳电池产业化技术、光伏发电系统技术及光电控制工程
四川大学	主攻碲化镉太阳能电池,各种新能源电池材料研究
北京大学	新型光伏技术的开发,光伏系统的工程研究,以及国内外光伏产业市场与政策的调研分析
厦门大学	太阳能多晶硅提纯和太阳电池的研究

从表 2-4 可以看出本科院校人才培养模式主要以较为深入的研究为主。

1. 岗位定位分析

与本科院校不同,高职院校的培养目标倾向于光伏技术的操作、应用、推广和支持,立足于对光伏企业的服务,成为应用型人才。岗位需求定位于光伏产业相关企业的光伏产品安装、调试、维护、售后技术支持及销售;定位于光伏工程项目的规划、施工管理;典型岗位有:光伏系统工程师、光伏技术支持工程师、商务人员、检测员、运维工程师等。

2. 职业技能定位分析

掌握光伏技术基础理论知识和相关的电力电子基础知识，具备较强的工程实践能力，从事光伏发电系统集成设计与施工管理、光伏电子产品开发与生产管理的高素质技术型人才。

3. 课程体系建设分析

多数高职院校围绕着专业技能培养，将专业课程分为：专业技术平台课、专业核心课和综合实训课。专业技术平台课主要有“电力电子技术及应用”“供配电系统运行与维护”“光伏组件生产工艺”等。专业核心课主要有“并网光伏系统设计与施工”“离网光伏系统设计与施工”“光伏应用电子产品设计与实践”等课程。综合实训课主要有“光伏 LED 照明驱动与控制技术”“光伏建筑一体化技术”等课程。

4. 实践教学条件建设分析

坚持理论和实践相互结合，把理论知识化应用于实际的项目工程当中。实践教学需要和企业紧密联系，高职院校的学生到企业中实习，将理论知识转化为专业知识，指导解决实际工程项目遇到的难题。

2.2 岗位职业能力分析会

在前阶段人才需求市场调研与分析的基础上，确定好光伏工程技术专业岗位群：光伏系统辅助设计师、光伏电站施工助理工程师、光伏电子产品设计与工艺工程师、光伏组件生产工艺工程师、质量工程师等。

2013 年 5 月，邀请了 12 个光伏行业相关企业的技术人员，聘请广东省教育研究院的杜怡萍老师作为主持人，开展了核心岗位的职业能力分析，形成了 3 个典型岗位的职业能力分析表和 2 个辅助岗位的职业能力分析表。用于指导光伏工程技术专业课程体系的建设和教学改革。

行业企业技术人员对相关岗位的职能和技术等非常熟悉，但对职业能力相关的任务描述词语不一定很熟悉。考虑上述情况，并且为了使岗位职业能力分析会达到最佳的效果，特提供相关的文件资料，供行业企业专家参考。具体来说，岗位职业能力分析会需要注意以下几个方面的内容：

(1)准备光伏工程技术专业的人才需求调研报告、相关岗位材料等，供主持职业能力分析会的教育专家参考。

(2)准备职业能力分析会议中张贴的职业能力表述用词表、任务完成评定表、职业岗位能力分析表(空白)、白纸等资料。

(3)选定 1～2 名对 Excel 表格熟悉的人员，在会议中快速记录企业技术人员提供的相关岗位及任务的技能等。

(4)岗位职业能力分析会召开过程中，职业教育专家作为主持人，引导企业技术人员逐步完成职业岗位能力分析表；学校教师全程只能旁观，不能参与会议，防止干扰或误导行业企业技术人员的思路等。

(5)根据经验,每天从早上9点到晚上6点半预计能够完成2～3个岗位职业能力分析表,根据和职教专家确立的相关的岗位确定每天要完成的岗位职业能力分析。

(6)根据和职教专家确立的相关的岗位,邀请具有企业一线工作经历、工作3～5年以上的行业企业技术专家,尤其是接受过职业教育并从事相关岗位工艺技术的企业专家。为了获得相关岗位的确切的职业能力分析表,尽量避免邀请没有企业一线工作经历和技术经验的高层管理人员。

岗位职业能力分析会所需设备及材料见表2-6。

表2-6　岗位职业能力分析会所需设备及材料

序号	工具或文件资料	用途	备注
1	电脑	提供软件,记录完成职业岗位能力分析表	1台
2	白板	张贴职业能力表述用词表	2张
3	人才需求调研报告	职教专家参考	1份
4	核心岗位	职教专家参考	1份
5	职业能力表述用词表	行业企业技术专家参考	多份
6	任务完成评定表	行业企业技术专家参考	多份
7	职业岗位能力分析表(空白)	行业企业技术专家参考	多份
8	白纸	行业企业技术专家使用	多份
9	其他需要企业专家填写的调查表	行业企业技术专家使用	多份

表2-7为职业能力表述用词表。

表2-8为任务完成评定表。

表2-7　职业能力表述用词表

格式:动词+名词(对象)(以短句表述为主)	
一、认知类	1.知道和认识类:陈述、回忆、概述、概括、匹配、界定,等等 2.理解类:推断、解释、辨别、判断、估计、总结,等等 3.迁移类:改变、转换、修改、发展、使用,等等 4.应用类:区分、演绎、推理、评价,等等
二、执行类	1.操作类:操作、采集、配置、标定、使用、挑选,等等 2.程序类:排序、连接、制造、调整、准备、安装,等等 3.理会类:理会、阅读、摘录、寻找,等等 4.解决问题类:计划、设计、排除、估算、计算、选择、布置,等等 5.管理组织类:组织、管理、指导、协调、监控,等等

续表 2-7

格式：动词＋名词（对象）（以短句表述为主）	
三、情感类	1. 接受类：注意、觉察、识别、控制，等等 2. 反应类：遵从、服从、参与、愿意，等等 3. 价值类：形成、表达、展示、倾向，等等 4. 组织类：决定、限定、选择、比较，等等 5. 个性类：避免、内化、抗拒、处理，等等
注意：以上是表示直接行为的动词，不使用心智行为的动词，如知道、了解、懂得、熟悉之类的动词。	

表 2-8　任务完成评定表

等级	评定标准
6	能高质量、高效率地完成此项任务的全部内容，并能指导他人完成
5	能高质量、高效率地完成此项任务的全部内容，并能解决遇到的问题
4	能高质量、高效率地完成此项任务的全部内容
3	能圆满地完成此项任务的全部内容，不需要任何指导
2	能圆满地完成此项任务的全部内容，偶尔需要帮助和指导
1	能圆满地完成此项任务的全部内容，但需要现场指导

2.3　岗位职业能力分析表

在前阶段人才需求市场调研与分析的基础上，确定好光伏工程技术专业岗位群：光伏系统辅助设计师、光伏电站施工助理工程师、光伏电子产品设计与工艺工程师、光伏组件生产工艺工程师、质量工程师等。

邀请了 12 位光伏行业相关企业的技术人员，聘请广东省教育研究院的职教专家主持，开展了核心岗位的职业能力分析，形成了三个典型岗位如光伏电站的设计、光伏系统的施工运行、光伏电子产品设计岗位以及 2 个辅助岗位的职业能力分析表。岗位职业能力分析表见表 2-9。

主要完成的光伏工程技术专业相关岗位的职业能力分析表如表 2-10、表 2-11 和表 2-12 所示。

岗位职业能力分析表用于指导光伏工程技术专业课程体系的建设和相关的课程教学、教材建设和教学资源建设等教学改革。

表 2-9　岗位职业能力分析表(空白)

工作项目	项目评定	工作任务	职业能力	能力要求(打“√”)	
				高	中
关键能力					

表 2-10　光伏发电系统设计岗位职业能力分析表

工作项目	项目评定	工作任务	职业能力	能力要求（打"√"）高	能力要求（打"√"）中
市场前期准备		与业主的技术交流	沟通技巧	√	√
			明确电网接入	√	
			了解确定安装地点、投资商的项目装机容量、指定的品牌		√
			预期的投资回报		√
			收集设计的相关资料（建筑面积、建筑图纸、地面红线图）		√
		现场考察	确定施工现场的可用面积		√
			确定施工现场的周围环境（阴影、遮挡物）		√
			判定地质条件		√
			核对原始资料		√
			考查物流条件		√
		勘察分析	并网许可条件		√
			法律法规分析		√
			光伏、电气、建筑计算	√	
		形成初步方案	具备系统结构知识（离网、并网、离并网）	√	
			计算光伏装机容量（大中小）并确定光伏主要产品型号及组串数量	√	
			确定基础支架形式的方案（水泥基础、自重式、彩钢瓦、夹具，固定、可调、跟踪）	√	
			根据特定环境，进行特别设计（比如：海边加强防腐设计、抗雪压设计、防洪设计、抗风设计）	√	
			确定电气主接线	√	
			确定初步接入方案	√	
			绘制原理图	√	
			确定多个初步方案	√	

续表 2-10

工作项目	项目评定	工作任务	职业能力	能力要求（打“√”）高	能力要求（打“√”）中
市场前期准备		投资分析	估算系统造价	√	
			熟悉政策导向		√
			了解融资方式和渠道		√
			会计算电站发电量		√
			会计算电站收益率		√
			得出是否满足客户需求的结论		√
设计方案		熟悉规范	电气、建筑、光伏等设计规范		√
			熟悉特定材料的有关规定		√
		选择最优方案	熟悉电气主结构形式	√	
			熟悉当地供配电电压等级	√	
		设备选型	熟悉组件逆变器、控制器、防逆流装置、电力变压器、高低压成套设备、计量保护综合自动化、储能蓄电池的主要性能		√
			根据系统主要参数（电压、电流）选择设备		√
			了解市场上的主要供应商的设备性能、价格		√
		材料选择	了解常用金属材料（钢材铝合金）的性能、价格及加工工艺		√
			了解常用的电线电缆的规格型号以及价格		√
			根据特定环境选择材料（比如：海边加强防腐设计、抗雪压设计、防洪设计、抗风设计）		√
			熟悉电气规范设计		√
			了解建筑材料（水泥、钢筋）的性能及供应价格		√
		效率估算	模拟系统发电量		√
			了解主要产品的损耗率及效率	√	
			会计算组串失配对发电量的影响	√	
			会估算外部环境对发电量的影响	√	
			会估算设备的衰减对发电量的影响	√	
			会计算直流损耗	√	
			优化电气组结构	√	
		优化设计成本与优化施工成本	掌握支架生产施工成本、基础成本的计算方法		√
			能判别不同设计方案对施工难度和成本的影响		√
			考虑当地的人工成本		√
			优化系统排布，便于安装		√
			优化系统线路走向		√

续表 2-10

工作项目	项目评定	工作任务	职业能力	能力要求（打“√”）高	能力要求（打“√”）中
出图		绘制	熟练掌握 CAD 制图工具	√	
			熟练掌握建筑制图知识	√	
		校对	校对笔误	√	
			校对遗漏	√	
			校对签名	√	
		审核	技术主管审核明确责任	√	
			审核签名	√	
施工现场设计变更		施工现场因素考虑不周或条件发生变化需变更设计	能在不增加成本费用、不影响装机容量的前提下进行工期的灵活变更	√	
			能够快速出图		√
		施工或业主方提出设计变更请求	能判断变更请求是否合理并做出恰当的解释及答复	√	
			能够快速出图		√
项目总结		成本分析	设计的成本、工程成本、发电效率	√	
		问题分析	分析变更问题		√
			明晰设计是否存在失误以及客户的要求		√
		完善图册	标准化设计		√
			竣工图纸编号存档		√
关键能力（通用能力、核心技能）		沟通交流	与业主交流、与施工单位设计交底	√	
		数字应用	三角函数（高中数学）、平面几何、立体几何、画法几何	√	
		革新创新	在规范的范围之内，在新材料、新技术运用方面鼓励创新	√	
		自主学习	学习新技术、新知识、新规范、新材料	√	
		团队合作	能够组织技术交流	√	
		解决问题	能解决一般的技术问题	√	
		信息处理	掌握常用办公软件、Auto CAD、会使用光伏设计软件（美国 PVSYST 系统、PVSOL）	√	
		责任意识	细致、逻辑性强	√	
		外语应用	能读懂英文文献（国外新兴技术及标准）	√	
		其他	快速适应工作环境		

表 2-11 光伏电子产品设计岗位职业能力分析表

工作项目	项目评定	工作任务	职业能力	能力要求（打"√"）高	能力要求（打"√"）中
设计任务书		收集资料	了解客户使用情况（使用寿命、成本、光伏电子产品功能、认证要求）	√	
			确定产品的区域使用范围	√	√
			收集行业内同类产品的信息资料等		√
			了解产品涉及的专利情况		
		编辑设计任务书	尺寸设计	√	
			技术参数设计（工作电压和功率，确定使用时间）	√	
			成本预算	√	
			确定设计周期		√
			明确技术难点		√
			确定产品技术水平		√
确认设计方案		硬件设计	掌握模拟电子技术、数字电子技术、数字信号处理、电路及其他	√	
			掌握高等数学	√	
			明确实现光伏产品的系统需求		√
			熟悉元器件，会使用、会识别、会挑选元器件、会看元器件的英文资料	√	
			绘制原理图（DXP）	√	
			选择拓扑结构		√
			熟悉 PCB 材质并进行绘制	√	
			会使用仪器仪表（万用表、示波器、函数信号发生器、烙铁、直流电源、钳型表、电能质量分析仪、逻辑分析仪、游标卡尺、LRC 电桥、高低压探头、相序表、电流环等）	√	
			了解电器的设计标准（认证）		√
		软件设计	C 语言、C++/汇编	√	
			会使用 CCS、MATLAB、VTSUAL、C++等软件	√	
			了解电性相关知识（有功功率、无功功率、视在功率、通信协议）		√
			了解设计流程（采样、测逻辑、测性能）		√
			明确软件需求	√	
			了解算法仿真、数据建模、理论分析、仿真实现（锁相、MPPT、孤岛、发布方式）		√
			精通原理图		√
			会芯片选型		√

续表 2-11

工作项目	项目评定	工作任务	职业能力	能力要求（打“√”）高	能力要求（打“√”）中
确认设计方案		软件设计	会看简单的英语资料		√
			MCU(51、AVR、STC、DSP、CPLD)	√	
			会使用仪器仪表（万用表、示波器、函数信号发生器、烙铁、直流电源、钳型表、电能质量分析仪、逻辑分析仪、游标卡尺、LRC电桥、高低压探头、相序表、电流环、电流枪等）	√	
		机械设计	精通CAD(绘制设计修改)	√	
			根据不同环境，确定防护等级		√
			掌握SOLID　WORKS	√	
			了解机械加工的基本工艺	√	
			产品外形设计	√	
			产品的表面处理		√
			产品的散热、风道、安装设计	√	
打样及调试		PCB的打样	准备原理图文件、PCB文件	√	
			存储源代码		√
			烧录文件		√
			制作并提供BOM(物料清单)表	√	
			制作并提供装配作业指导书和调试作业指导书	√	
			制作并提供工艺文件	√	
		机箱打样	提供机箱图纸	√	
		非标器件打样	制作并提供非标器件图纸	√	
		总装	按照装配作业指导书进行安装		√
		电参数调试	调试基本功能	√	
			可靠性测试	√	
		设计调整	机箱机构调整		√
			不符合的项目调整	√	
提出例行实验要求		递交申请	了解可靠性实验和安装测试的要求	√	
			填写申请表格		√
		提供实验方案	依据设计标准制定实验方案	√	
		跟踪实验结果	评估测试报告	√	
			整改不符合项目	√	

续表 2-11

工作项目	项目评定	工作任务	职业能力	能力要求（打“√”）	
				高	中
编制或提供技术文书		编制相关文件	编制产品使用说明书		√
			参与编写工艺文件（生产、检测文件等）	√	
		提供相关文件	提供出厂检验报告和合格证保修卡		√
			提供测试报告	√	
关键能力（通用能力、核心技能）		沟通交流	良好的沟通能力、正确传达各部门的信息	√	
		数字应用	会应用测得的数据进行相应的数学运算即可	√	
		革新创新	根据现有工作条件与环境，提出自己的创新思路		√
		自主学习	CAD的简单操作及看图能力		√
			光伏、电气基础知识，能看懂数据	√	
			协调、明确自己的职责	√	
		解决问题	协商、沟通能力	√	
		信息处理	及时、准确		√
		责任意识	细心、有责任心、思维清晰		√
		外语应用	英语（会看即可）		√
		其他	快速适应工作环境		√

表 2-12 光伏组件工艺工程师岗位职业能力分析表

工作项目	项目评定	工作任务	职业能力	能力要求（打“√”）	
				高	中
编制生产工艺		了解设备性能及产量	电池分选设备		√
			串焊机（先测试）		√
			玻璃清洗机		√
			层压机（先测试）		
		熟悉生产流程	电池分选、串焊、汇流、层压、测试、装框、接线盒、测试包装	√	
		熟悉原材料性能	电池片特性	√	
			EVA、TPT、低铁玻璃	√	
		标准、认证	MC4/插头、光伏电缆	√	
			材料标准	√	
			组件标准	√	
		认证	TUV/IEC/UL	√	
		熟悉不良品产生原因	碎片、缺焊、EVA 气泡灯		√

续表 2-12

工作项目	项目评定	工作任务	职业能力	能力要求（打“√”）高	能力要求（打“√”）中
形成工艺文件			能按照工艺文件格式编写文件	√	
关键能力		沟通交流	良好的沟通能力，正确传达各部门的信息	√	
		数字应用	会应用测得的数据进行相应的数学运算即可	√	
		革新创新	根据现有工作条件与环境，提出自己的创新思路		√
		自主学习	光伏组件基础知识		√
		团队合作	协调、明确自己的职责	√	
		解决问题	协商、沟通	√	
		信息处理	及时、准确		√
		责任意识	细心、有责任心、思维清晰、有良好的职业操守		√
		外语应用	英语（会看即可）		√
		其他	快速适应工作环境，并有不屈不挠的工作精神		√

3　专业教学标准与课程标准

根据产业调研情况及国家政策关于高职人才的定位，确立了光伏工程技术专业的人才培养目标。根据光伏行业的特点，建立了“项目载体、能力递进”的人才培养模式和项目教学体系。依据岗位职业能力分析表，将核心岗位需要的能力建立模块，并融入专业核心课程和专业能力课程。

根据中高职五年贯通分阶段培养的特点，通过分析中高职学生所应该掌握的知识体系和实践能力等，撰写了光伏工程技术专业中高职五年贯通专业教学标准及相应的中职阶段、高职阶段的课程标准。

3.1　项目教学体系与中高职五年贯通课程体系

3.1.1　确立专业培养目标

光伏工程技术专业面向佛山市及珠三角地区光伏产业链下游的光伏电站设计建造、光伏应用产品研发制造的相关企业，培养德、智、体、美全面发展，具备良好的职业道德和敬业精神，掌握光伏技术基础知识，具备较强的工程实践能力，从事光伏发电系统集成设计、光伏电站施工管理与维护、光伏应用产品开发与生产管理的发展型、复合型和创新型技术技能型人才。

3.1.2　建立项目教学体系

(1)深入分析光伏行业特点，从三个方面与企业对接，深化“项目载体、能力递进”人才培养模式的内涵建设。

①光伏电站企业技术人员职业活动分析

光伏电站设计建造、光伏应用产品开发制造企业一般属于项目型企业，其相关技术人员的职业活动是按项目的四个阶段展开的：

项目规划：客户需求分析、光伏电站地址及技术选择、项目计划、竞争(招投标)；

项目设计：需求定位、系统分析、系统集成、元件及设备确认、确认设计；

项目实施：系统元件及设备采购与订制、硬件系统安装、软件编程、系统调试、验收；

系统运行：客户咨询与人员培训、系统维护与维修、系统改进等。

在光伏工程技术专业专业核心课程中，以光伏工程项目四个阶段为主线组织教学，从教学环境、教学项目、教学活动三个方面与企业对接，从而深化。

②实现学校与企业的“三个对接”

校企“三个对接”具体实施示意图见图 3-1。

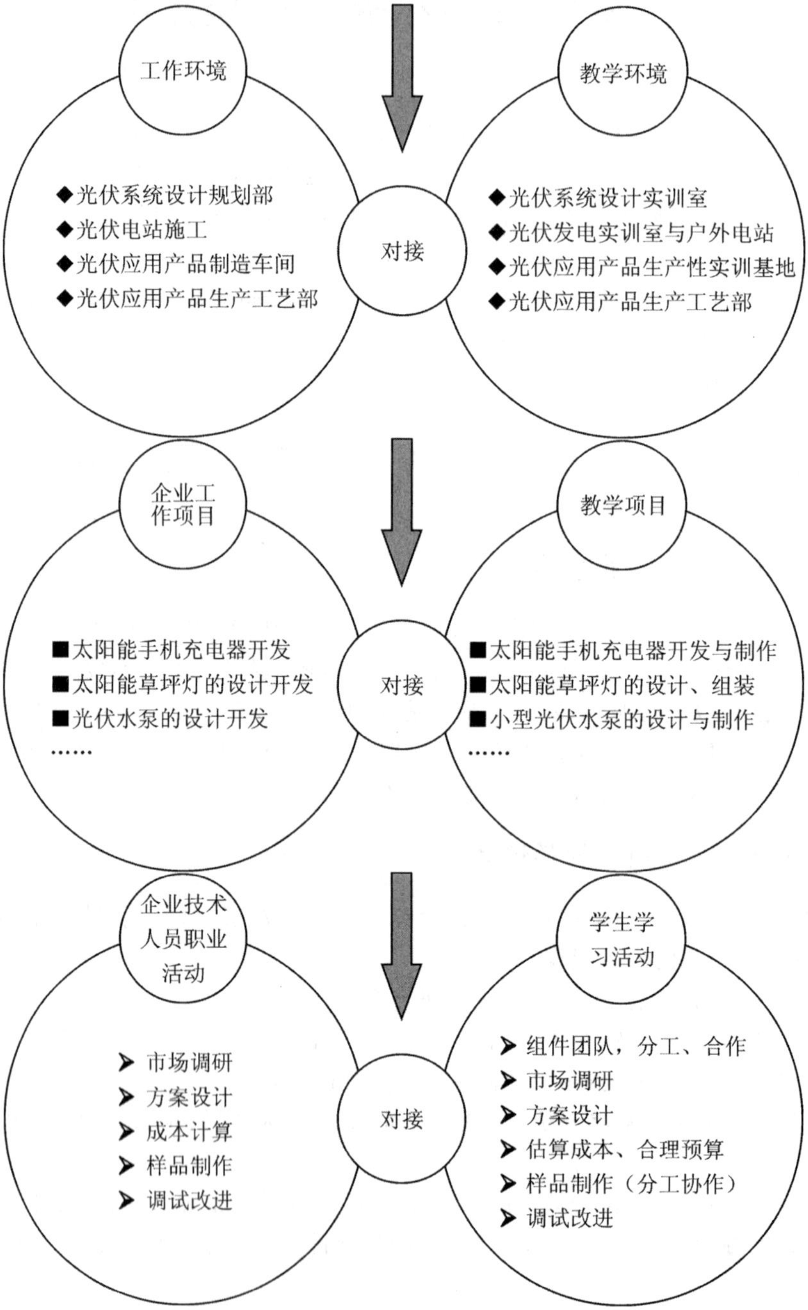

图 3-1　校企“三个对接”具体实施示意图

(a)参照企业工作环境改造实训室，实现项目教学环境；(b)专业能力课程采用项目化教学，引入企业典型工作项目；(c)以企业人员职业活动序化教学内容，设计并实施教学过程

教学环境与工作环境对接，按企业工作环境要求建设改造校内光伏系统设计实训室，发挥校内爱康光伏应用产品研发中心和爱康光伏电站工程教学部、广东保威新能源科技有限公司、中山大学顺德太阳能研究院等校外实训基地的作用，建设与工作环境相一致的教学环境。

教学项目与企业工程项目对接：在“离网光伏系统的设计与施工”“并网光伏系统的设计与施工”两门专业核心课程中，引进企业工程案例经过改造成为教学项目；在“光伏 LED 照明驱动与控制系统设计与实现”“光伏应用产品设计与实现”两门专业核心课程中，采用引进企业工程案例与光伏应用新产品开发项目相结合的教学方法。

学生的学习活动与企业技术人员的职业活动对接：按企业工程项目规划、设计、实现、运行四个阶段序化教学内容，侧重于设计、实现两个阶段，在企业兼职教师和校内专业教师的指导下，学生分组按企业工作过程和技术规范完成项目，从项目完成质量、团队合作精神、工作责任心等方面对学生学习效果进行综合评价。

(2)构建突出光伏工程项目技术能力的三级能力递进的课程体系

根据光伏工程技术专业的人才需求调研，确定了本专业毕业生主要在光伏电站设计建造等项目型企业就业，就业的核心岗位为光伏系统集成设计、光伏电站施工与维护、光伏应用产品开发等职业岗位。通过调查与分析，提炼出岗位职业能力与素质要求，进而确定专业核心课程。

①根据岗位职业能力与素质分析设置的专业课程，反映了学生专业综合能力培养的要求。考虑到知识、能力递进的教学规律，以及学生未来发展的需要，分别设置了专业综合能力课程模块、专业核心能力课程模块、专业基础能力课程模块，构成了光伏工程技术专业“三级能力递进”的课程体系(表 3-1)。

表 3-1 光伏工程技术专业“三级能力递进”的课程体系

专业综合能力模块(工程能力)	专业核心能力课程模块	专业基础能力课程模块
光伏项目开发方法能力	光伏电力电子电路设计实现能力	专业认知能力
光伏系统设计施工能力	光伏组件性能测试与选择能力	电工电子电路设计调试基本能力
光伏应用产品开发实现能力		计算机程序编制调试基本能力

②以项目为载体，将专业技术知识与实践能力有机结合

根据光伏行业特点，在专业课程体系中引入工程 CDIO 理念[构思(Conceive)、

设计(Design)、实施(Implement)、运行(Operate)],以项目生命周期的全过程为载体培养学生的工程技术能力,包括学科知识、学生的终身学习能力、团队交流能力和在企业和社会环境下的构思-设计-实施-运行能力。图 3-2 为光伏专业项目教学体系鱼骨图。

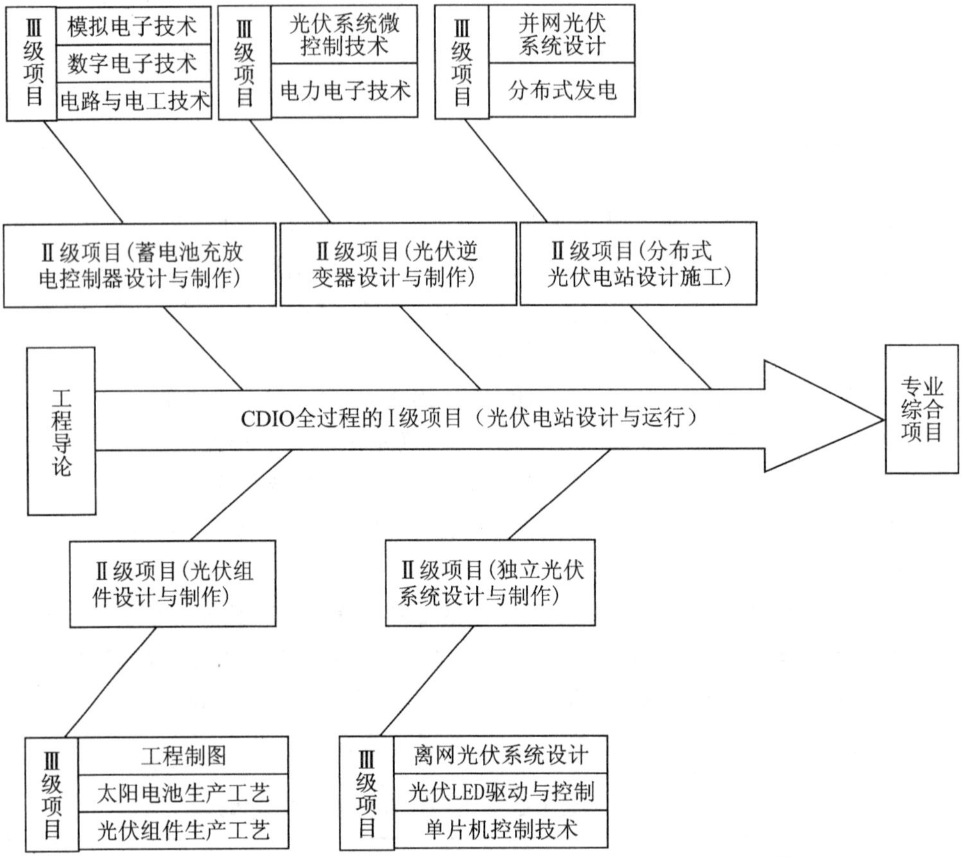

图 3-2 光伏专业项目教学体系鱼骨图

Ⅰ级项目贯穿整个教学阶段;Ⅱ段项目为一组综合项目;Ⅲ级项目贯穿相关专业课程;

从左到右为时间顺序;从上到下为时间平行课程

根据 CDIO 项目导向培养模式,将光伏工程技术专业具体的创新型人才培养课程体系设置为三级逐阶递进的项目,同时围绕专业核心岗位知识和能力目标细化课程体系和课程内容。将企业的真实项目案例改良后融入专业课程教学方案成为课堂教学项目,并引入企业项目评价体系改良成为项目教学评价体系。在专业主干课程中逐步推行一体化项目教学,学生成为课堂的主体,教师从讲课的主体变为项目教学的引导者,实现"启发式"教学,促使学生发挥主动性,努力实现项目教学的目标。项目教学有利于提高课堂教学的效果,同时可以培养学生解决问题的能力。

Ⅰ级为包含本专业核心培养能力要求和主要核心课程的项目，以引导本专业的核心知识能力为目的，贯穿整个高职教学阶段，使学生系统地得到构思、设计、实现、运作的整体训练。具体设置为光伏工程技术专业的综合能力项目，为光伏电站设计与运行项目，贯穿光伏专业整个课程体系，根据综合项目的构思、设计、实现、运行的产品生命周期，拆分为工程项目导论（新能源利用与开发）和光伏电站设计与运行项目的实施。第五学期设置专业综合项目，让学生具体完成企业实际项目，提供工程技术应用能力。工程项目导论课程使学生明确专业学习方向，确立学习目标。

Ⅱ级为包含一组相关核心课程和能力要求的项目，以引导一组相关核心课程群的知识和相关能力要求为目的。作为Ⅰ级项目的支撑，Ⅱ级项目设置为蓄电池充放电控制器设计与制作、光伏组件设计与制作、光伏逆变器设计与制作、独立光伏系统设计与制作、分布式光伏电站设计与施工。Ⅱ级项目既是对相关课程群的综合，也是对整个教学体系的补充，把相关联的课程知识有机地结合起来，使学生认识到有机和关联的知识群而不是孤立的知识点，主要培养学生综合应用相关课程内容的能力，特别注重对学生的工程项目能力与终生学习能力的培养。

Ⅲ级项目贯穿Ⅱ级项目所需的相关专业课程，作为一组相对独立的综合项目，需要系列课程作为支撑，这些专业基础课程在具体的教学中，为了提高学生对知识的理解和运用能力，设置Ⅲ级项目。Ⅲ级项目是Ⅱ级项目与核心课程的支撑，主要是加强学生对课程知识的理解和能力培养。Ⅲ级项目来源于企业真实项目的基础性子项目案例。

在光伏专业开展项目教学模式改革与实践，充分发挥学生的主管学习意识，明确学习目标，提高学习兴趣，使学生融社会能力、专业能力和方法能力于一体，不仅可以提高学生对专业知识的运用能力，同时可以提高学生对光伏工程项目的构思、设计、实施、运行能力，还可以提高学生的职业责任感、团队协作能力和交流能力，最终提高工程技术综合能力。

3.1.3　光伏工程技术专业中高职教育“3＋2”五年贯通课程体系

光伏工程技术专业中高职教育“3＋2”五年贯通一体的课程体系的制定实现了中等和高等职业教育在培养目标、专业内涵等方面的延续和衔接。

课程体系包括三个一级模块：基本职业素质模块课程、双证融通核心模块课程、职业定位顶岗实习模块课程。如表3-2所示。

此外，编制了教学方案，设计了教学流程。光伏工程技术专业教学流程设计：第一学期到第四学期依序安排入学军训教育、公共素质模块、专业基本素质模块、电路绘图工学模块、电工证工学模块、电子技术工学模块、单片机应用模块、中高职衔接电子模块、太阳电池生产工艺模块、企业工学结合模块、光伏系统设计与施工，

表 3-2　中高职五年贯通课程体系模块结构

一级模块	二级模块	主要科目课程
基本职业素质模块课程	公共素质模块课程	思想政治、职业道德与法律、体育、语文、数学、英语、计算机应用基础、职业生涯规划、物理、化学、军事理论与训练、毛泽东思想和中国特色社会主义理论体系概论、应用数学
	专业基础素质模块课程	机械基础与CAD制图、单片机基础与应用、微控制器原理与实践、新能源利用与开发、晶硅太阳电池生产工艺、半导体材料基础、薄膜电池技术等
双证融通核心模块课程	电工上岗证、维修电工（中级、高级）	电工技术（电工技术基础与实训、电力拖动基础与实训、维修电工中级考证辅导）、模拟电子技术基础与实训、数字电子技术基础与实训
	计算机辅助绘图员证（电子中级、高级）	电子线路CAD，计算机辅助绘图员证（电子高级）考证辅导
	光伏工程技术高级	晶硅太阳电池生产工艺、太阳电池原理及测试、独立光伏系统、光伏组件生产技术、并网光伏系统
职业定位顶岗实习模块课程	职业定位专项实训模块课程	职业生涯规划专题讲座、就业指导专题讲座、就业面试指南
	顶岗实习就业模块课程	企业轮岗实习、顶岗实习、毕业论文（实习报告）等

第五学期主要安排顶岗实习和电子技术模块，第八学期还需要进行企业轮岗实习，第十学期主要安排顶岗实习就业模块课程。

光伏工程技术专业从培养高端技能型人才的需要出发，实行多元的评价方式（综合评价方式、校企共同评价、职业证书评价、职业技能竞赛评价、第三方评价），对学生的学习效果进行评价，有效地促进了学生职业素养和职业能力的提高。

针对中职和高中不同起点的学生，制定不同的教学管理制度。规定了中职培养的学生的学分计算方法，制定了关于休学、复学与退学的规定等。

对五年贯通的光伏工程技术专业学生的继续深造提出了建议。佛山职业技术学院光伏工程技术专业与佛山科学技术学院的光源与照明专业对接，学生在佛山职业技术学院专科读完后，可专升本进入佛山科学技术学院就读。专升本是面向专科生，提升其专业基础、技术能力及综合素质，实现可持续发展的一个重要途径。

具体实施原则：

光伏工程技术专业需要与产业对接，人才的培养需要与职业岗位技能对接，因此通过对包括爱康太阳能科技有限公司、保威新能源有限公司等典型企业进行岗位调研，制定中高职五年贯通的人才培养方案、专业教学标准和课程标准。专业教学标准和课程标准通过职业资格证书和岗位技能与职业岗位对接。具体方案如图 3-3 所示。

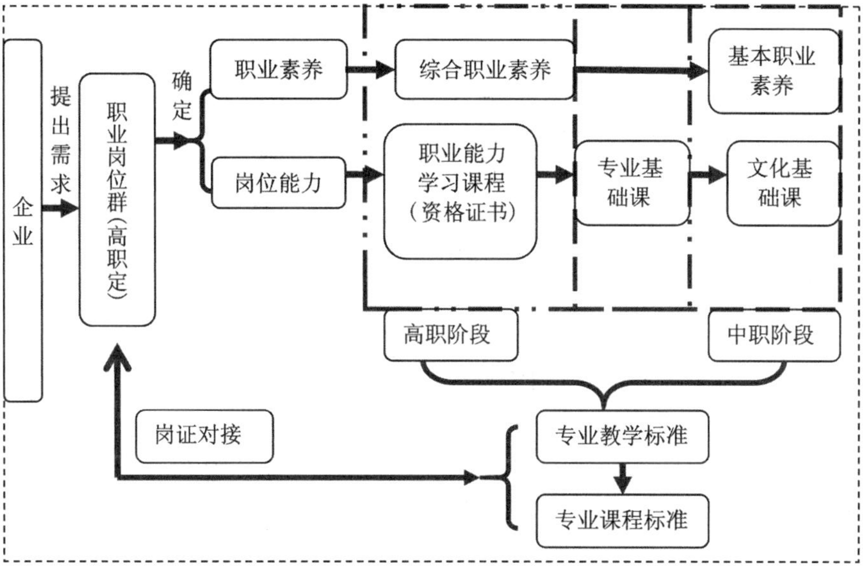

图 3-3 中高职贯通专业教学标准及专业课程标准制定过程

对职业岗位技能要求和专业核心课程采用模块化对应衔接，据此制定专业教学标准。对中高职分阶段的课程标准，根据岗位技能要求整体设计。根据高职阶段对专业基础性知识和技能的要求，综合考虑现阶段中职学校的人才培养方案和中职阶段学生的特点，分段实施课程模块和相关标准，合理衔接，避免重复，使知识、技能、素养等方面合理衔接，逐渐提升，同时确保学生具有一定可持续发展能力，包括岗位选择和学位提升。图 3-4 为中高职贯通专业人才培养方案的能力递进图，通过中职阶段和高职阶段的分段学习，职业能力、职业素养、综合能力均获得明显提升。

根据行业企业对职业素养的要求，参考中职阶段职业素养和高职阶段职业素养的培养体系，系统制定五年贯通的中职阶段基本职业素养和高职阶段综合职业素养培养体系，帮助学生走进职场，提升职业素养。

考虑学生的可持续发展能力，在专业基础课设置的基础上，强化专业群基础课的理论知识部分，增加人文素质和文化基础的公共课、通识课、选修课等。

实施步骤与内容：

(1)开展了佛山市光伏产业调研，确定与中高职衔接学生的能力相对应的职业岗位群，根据企业提出的职业岗位能力要求制定专业核心课程体系、素质拓展课程内容以及专业基础课。考虑到中职学生的综合知识基础，在学习高职阶段要求的

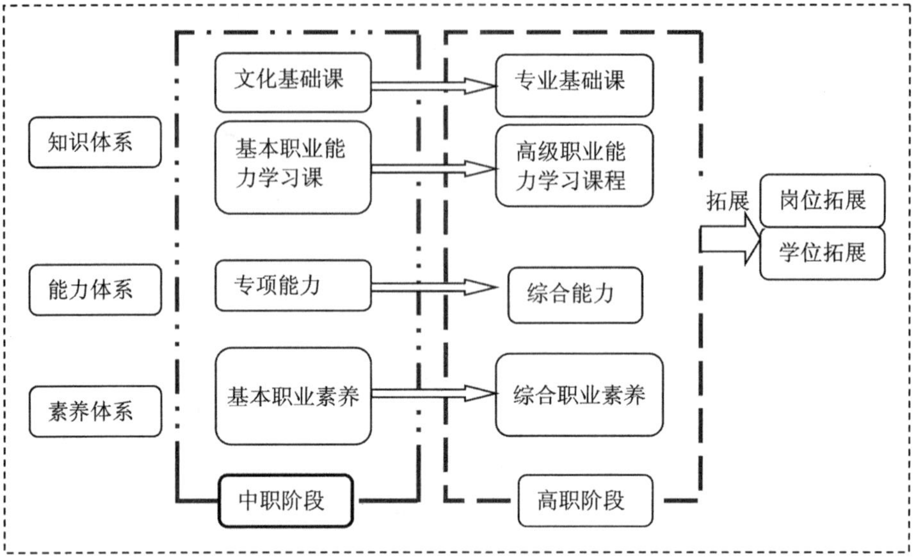

图 3-4　中高职贯通专业人才培养方案能力递进图

专业核心课程体系和综合能力训练的专业基础课之前，适当补充主要的文化基础课内容。

(2)根据中职为基础，高职为提升的原则，对比当前三年制高职人才培养方案和中职三年制人才培养方案，在尽可能不改变或少量改变现有中职人才培养方案的条件下，确定中职阶段学习课程和高职阶段学习课程。具体的专业课程体系包括专业核心课程、专业基础课以及中职需补充的文化基础课，如图 3-5 所示。

(3)根据岗位技能要求划分课程模块，包括专业核心课程、专业基础课、中职生源需要补充的文化基础课，均划分课程模块，并确定了核心课程模块的教学标准，使教学标准与职业岗位技能一致，考核标准融入行业、企业标准和职业技能鉴定标准。

对于光伏专业核心课程，根据岗位技能划分模块，以项目任务驱动法开展教学及实训。模块划分以图 3-6 为例。根据岗位能力要求和行业、企业标准以及职业技能鉴定标准制定课程标准。

对于中高职阶段设置内容重复的专业基础课，划分课程模块。中职阶段学习部分模块，高职阶段补充未学习模块。由于中职阶段人才培养模式的特点，多为技能性训练，学生单项技能较强，但综合运用能力较弱，因此高职阶段学习为中职阶段能力的提升。除了学习未学习模块外，集中开展综合实践能力训练，为专业核心课程及岗位技能的提升做准备。在职业资格考证方面同样制定阶梯性标准。

以光伏专业基础课“模拟电子及数字电子”为例(图 3-7)，与光伏专业对接的电子专业在中职阶段(华材职业技术学校)已经开设了“模拟电子基础与实训”及“数

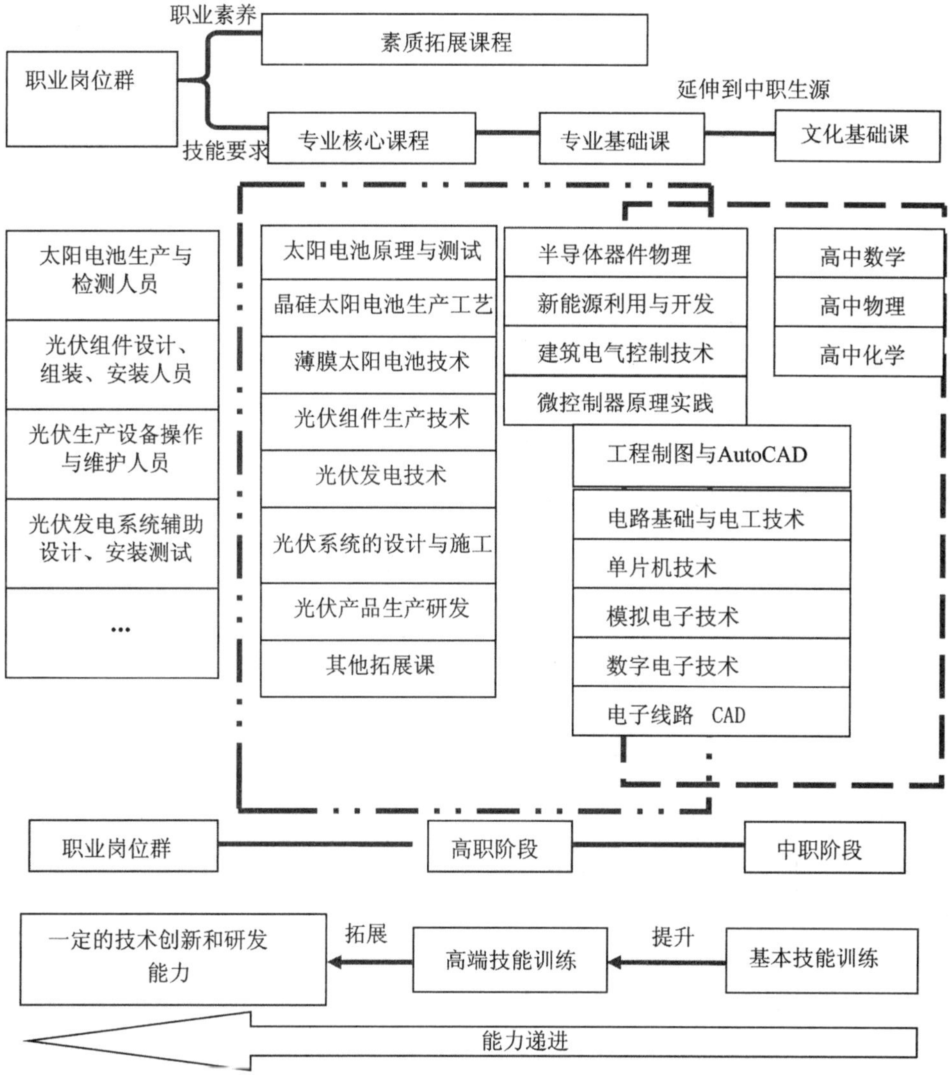

图 3-5　光伏工程技术专业中高职五年贯通专业课程体系

字电子基础与实训”，本课程在高职阶段也作为专业基础课开设，对于中职生源升入高职的学生来说就有部分内容是重复的。在对接的过程中，对此类相关课程划分详细且相对独立的课程模块。中职阶段已经学习的模块在高职阶段不再学习，但是由于中职学生主要以单项技能实训为主，综合运用能力较弱，所以在中职模拟电子及数字电子学习的基础上，学生进入高职后学习“电子综合实践”课程，课程模块划分以与专业核心课程相关的综合典型电路为主，既是对中职阶段单项技能知识的综合运用，又以实际的项目电路训练为主，对学生后续进一步学习专业核心课程及综合能力的提升做好了充足的准备，据此制定中职和高职阶段的课程标准。

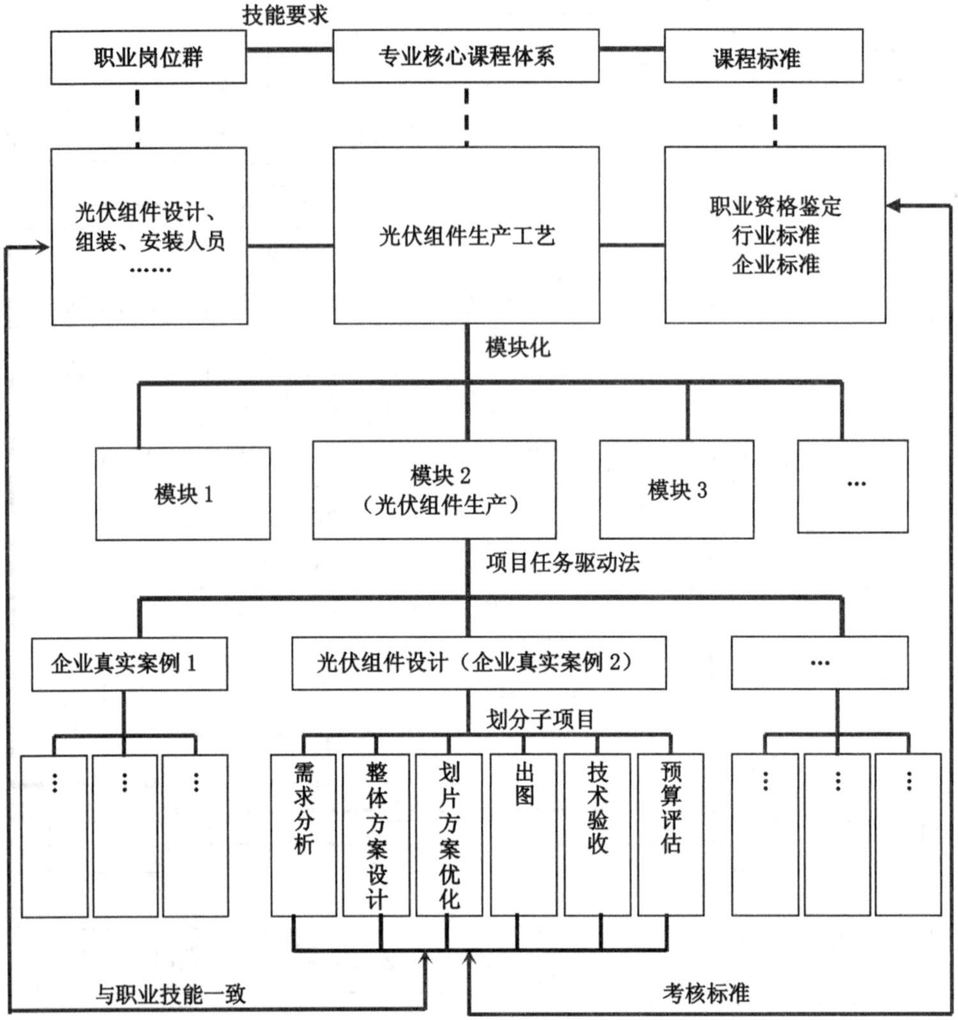

图 3-6　光伏专业核心课程划分模块及课程标准制定

对于未重复设置的专业基础课，划分课程内容模块，采用理实一体教学，与专业核心课程结合开展教学。

对于中职阶段需要补充的数理化文化基础课，划分模块。根据高职学习对基础知识的要求，制定课程标准，有针对性地学习其中必要模块，短期提升学生基础知识水平（计划在 0.5 年完成）。

（4）建立中高职五年贯通学生基本职业素养和综合职业素养培养体系和培养模块。职业素养是在职业过程中表现出来的综合品质，包含职业道德、职业技能、职业行为、职业作风和职业意识等方面。良好的职业素养是企业考察员工的重要指标，是大学生进入企业的“金钥匙”。

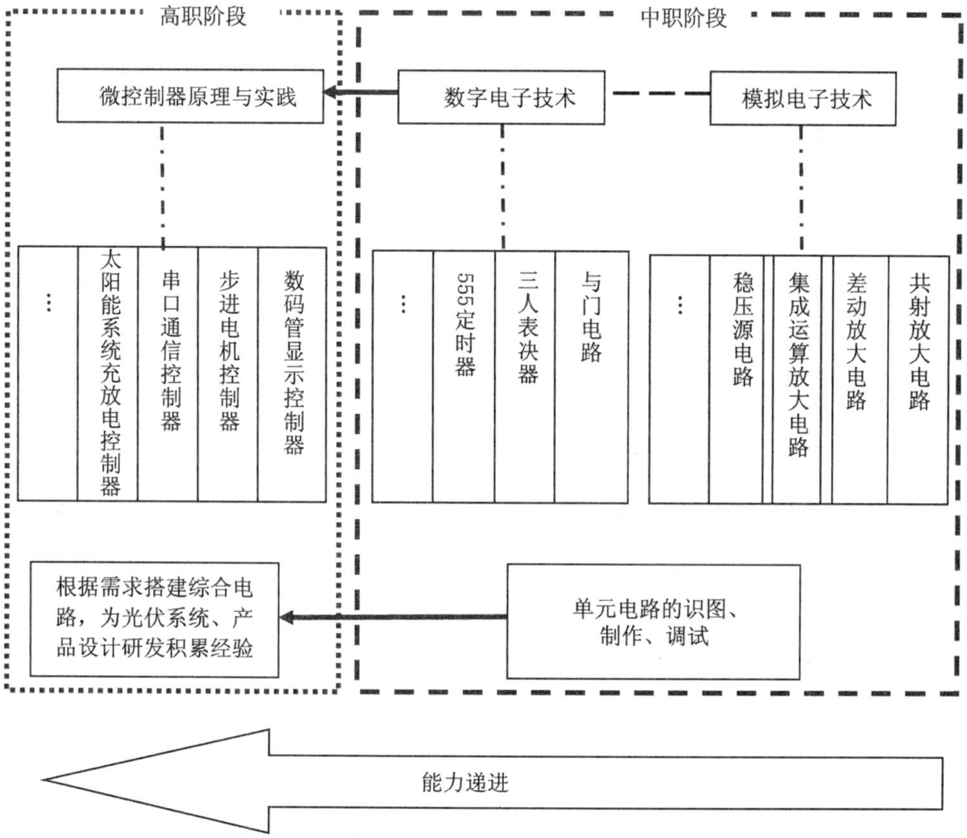

图 3-7 光伏专业中高职重复性专业基础课模块划分方法及阶梯式能力递进图

学生职业素养的培养需要纳入学生系统培养的人才培养方案中，多方面、多途径培养学生的职业素养。具体到中高职五年贯通培养体系中，根据中高职学生的特点，可以分为两个系统连接又相对独立的阶段。中职阶段培养学生的基本职业素养，高职阶段培养学生综合职业素养的能力，并拓展为企业职业岗位所需的职业素养。职业素养培养体系如图 3-8 所示。

开展素质拓展课程和项目、职业规划与定位方面的课程、讲座。此外，在专业实训的基础上，开展光伏工程技术专业相关的创业训练项目，学生组成团队，模拟实际的光伏产业链企业运行，并根据光伏组件及光伏电站、光伏小产品的特点，接收一定的订单，学生自己设计、制作，完成整个工艺流程，甚至推销自己设计的光伏产品方案或产品等。这样既可以使学生了解产业及市场需求、了解光伏产业应用技术及产品工艺流程，又可以培养一定的技术创新和研发能力，达到培养综合职业素养的目的。

(5)在前述培养模块基础上，建立可持续发展能力培养体系。高职教育与经济

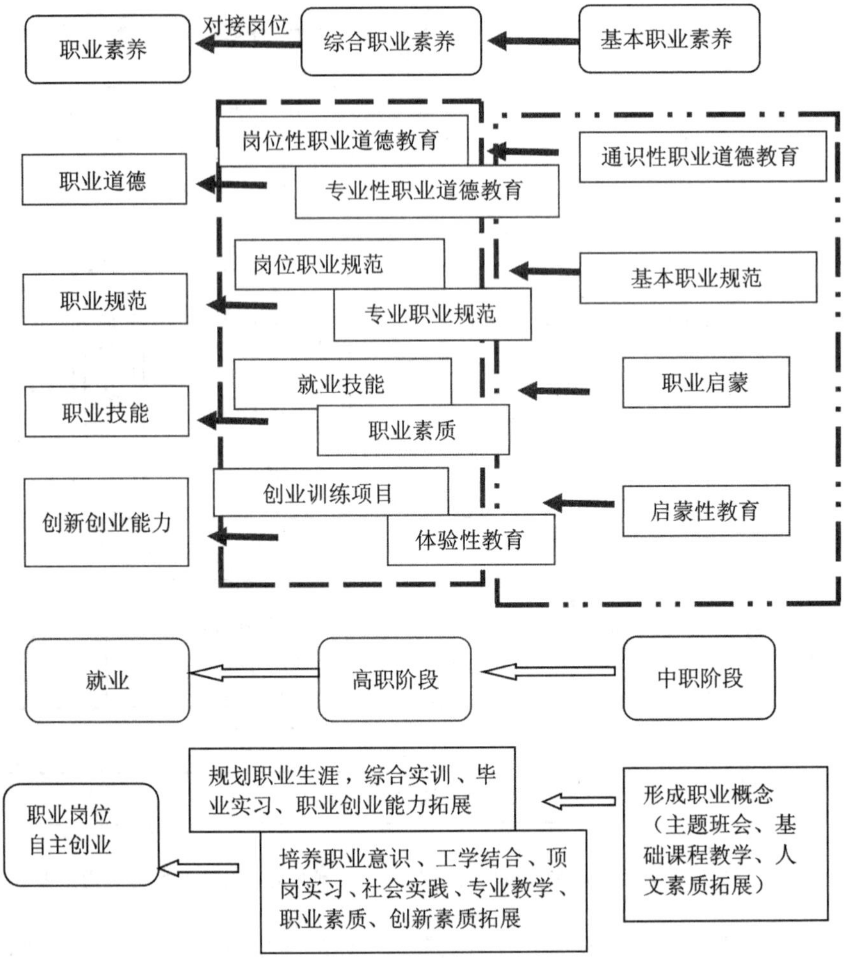

图 3-8　中高职五年贯通职业素养培养体系

社会联系最直接、最紧密，出发点和最终落脚点都满足行业和企业需求。产业升级和技术进步需要复合型高端技能型人才，对高端技能型人才的可持续发展能力提出了要求，要求高端技能型人才具有必要的专业理论知识。同时，经济的跨越式发展，使一些高端技能型人才面临转岗和可持续发展问题。目前中高职教育中存在理论知识不系统，知识范围窄等问题，可持续发展能力较差。因此，加强高职学生人文教育和理论学习呼声日渐响亮。国家政策指出，高职教育是高等教育体系中的一种类型，是职业教育体系中的一个层次，有向更高层次发展的诉求，终身教育体系的完善不可避免要考虑阶段性教育的可持续发展。

在光伏工程技术专业中高职贯通的课程体系规划过程中也考虑了学生的可持续发展能力。除了专业课程外，适量增加利于素质拓展和可持续发展的公共基础课和专业基础课。通过专业知识体系和综合知识体系（文化基础课、专业基础课、专业拓展课程)的构架,培养学生的综合基础知识,使学生在后续的继续教育学习和相关专业知识拓展中具有一定的可持续发展能力。可持续发展能力递进图如图 3-9 所示。

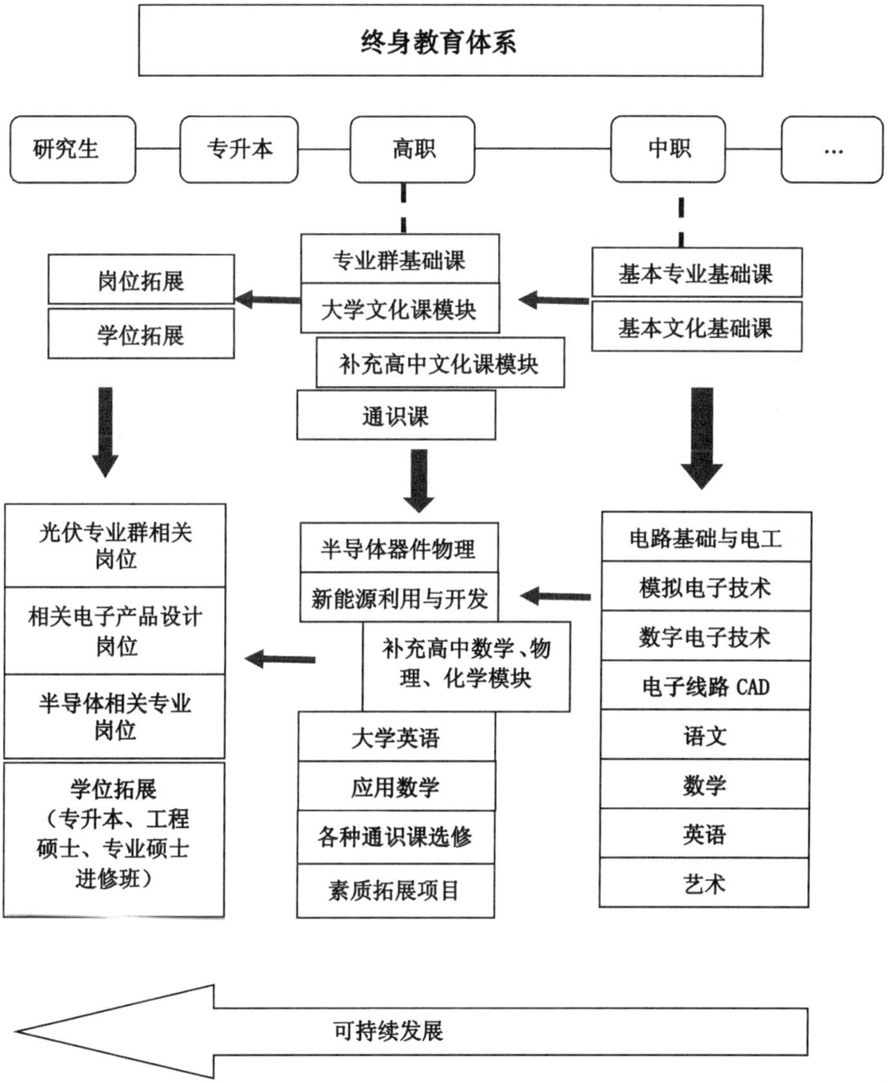

图 3-9 中高职五年贯通可持续发展能力递进图

(6)学生获得证书。人才培养方案分别规定了中职阶段学生的培养目标、高职阶段的培养目标以及中职阶段和高职阶段学生所需要获得的技能证书等。

3.2 中高职衔接"光伏工程技术"专业教学标准及课程标准

3.2.1 中高职衔接"光伏工程技术"专业教学标准

一、专业名称

中职专业名称:电子与信息技术

高职专业名称:光伏工程技术

二、专业代码

中职专业代码:091200

高职专业代码:590299

三、招生对象

中职:具有广东省户籍与佛山市学籍的应届初中毕业生。

高职:对应试点中职学校衔接贯通专业,符合转段遴选条件的正式学籍学生。

四、学制与学历

(一)学制

五年,其中中职三年,高职二年。

(二)学历

学历:全日制大专(完成三年中职学段学习可获全日制中专学历)。

五、就业面向

中职:电子产品的装配、调试、维修及检验等技术工作,以及电子产品、电子元器件的采购、销售和维修等工作。

高职:太阳电池生产、光伏组件设计和生产、光伏产品测试、光伏电子产品设计制造、光伏发电工程设计施工管理、光伏设备维护检修、光伏电站运行的维护与检修、技术服务、产品营销及辅助研发等工作。

六、培养目标与规格

(一)培养目标

中职人才培养目标:对接佛山及周边地区的新兴电子信息产业需求以及五年一贯培养光伏工程技术专业高职人才的需要,培养具有良好职业道德和品质素养以及扎实的电子电工专业知识和专业技能,具有一定的微处理器编程开发能力、熟练的电子产品装配、检测、调试与维修能力的"光伏工程技术"专业高职预备人才;同时可以为电子产品的生产企业和经营单位,培养从事电子信息设备和电子产品的装配、调试、维修及检验等技术工作,以及电子产品、电子元器件的采购、销售和维修等工作的高素质劳动者和技能型人才。

高职人才培养目标：面向佛山市及珠三角地区光伏产业链下游的光伏电站设计建造、光伏应用产品研发制造的相关企业，培养德、智、体、美全面发展，具备良好的职业道德和敬业精神，掌握光伏技术基础知识，具备较强的工程实践能力，从事光伏发电系统集成设计、光伏电站施工管理与维护、光伏应用产品开发与生产管理的发展型、复合型和创新型技术技能型人才。

（二）培养规格要求

中职培养规格要求：

基本素质：

1.具有崇高的职业理想和事业追求；

2.具有良好的思想政治素质、职业道德和遵纪守法观念；

3.具有良好的敬业精神，忠于职责，具备诚实守信的品质和团队合作精神；

4.具有较强的逻辑思维、分析判断能力；

5.具有新知识、新技能的学习能力、信息获取能力和创新能力；

6.具有家电新知识、新技术的学习能力；

7.崇尚科学，求真务实，善于发现问题，锐意创新；

8.具有良好的语言沟通能力和文字表达能力；

9.具有良好的身心素质，喜爱运动，坚持锻炼，有健康的体魄，有吃苦耐劳的精神。

知识要求：

1.掌握人际交往与沟通的基本知识；

2.掌握本专业必需的文化基础知识；

3.掌握基本的计算机应用操作及常用软件的使用方法；

4.掌握电子设备、电子产品常用元器件与材料的基本知识；

5.掌握模拟、数字电路的基础知识；

6.掌握常用电子测量仪表仪器的使用方法与保养知识；

7.掌握电工及电气控制的基本原理与工程知识；

8.熟悉典型应用电路的基本原理及检修方法；

9.初步掌握传感器及单片机应用的基础知识；

10.了解电子整机生产中所用到的各种技术和工艺知识；

11.掌握基本的产品营销知识。

能力（技能）要求：

1.能借助工具书阅读与专业相关的英文资料，并具备一定的英语语言及文字表达能力；

2.能熟练操作和使用常用电子仪器、仪表；

3.能阅读电子整机线路图和工艺文件（核心能力）；

4.具备常见电子产品或机电系统的操作、装配、调试、检修能力(核心能力);

5.初步具备简单电子产品设计与开发能力(核心能力);

6.具备一定的生产组织管理能力和市场营销能力。

职业态度要求:

1.培养敬业爱岗,至精至诚的工作态度;

2.具有团结协作的团队意识和合作精神;

3.具有终身学习的思想和追求卓越的时代精神;

4.具有坚定的专业成才理想。

高职培养规格要求:

基本素质:

1.掌握毛泽东思想、邓小平理论和“三个代表”的基本原理,具有良好的职业道德、法律观念和思想品德;

2.加强对学生的爱国主义、艰苦奋斗、实事求是的思想品德教育,使学生具有正确的人生观与价值观;

3.通过校园第二课堂、电子协会及其他社团组织的活动,增强学生的社会能力、动手能力和创新精神,提高人文、身心健康方面的修养;

4.通过通识理论知识和专业技术理论知识的学习和实践,使学生的基本语言表达能力、基础和专业外语应用能力、与人相互沟通与交际能力、团队合作能力、信息收集与分析能力、分析和解决问题能力、自我提高能力、创新能力有较大的提高。

知识要求:

1.掌握本专业必需的文化基础知识。

2.熟悉太阳电池的原理与测试方法;

3.掌握太阳电池的切割、焊接等及光伏组件生产、测试技术;

4.掌握太阳能发电技术,掌握供配电系统的组成原理;

5.掌握工程的计价和计量方法;

6.熟悉光伏发电系统的安装、调试任务;

7.了解太阳电池的生产工艺;

8.熟悉太阳能电池生产设备的原理以及设备组成;

9.掌握光伏电池的组成原理;

10.了解企业管理与生产管理知识。

能力(技能)要求:

1.具备良好的计算机使用能力、资料收集与整理能力;

2.具备工程设计和绘制工程图纸的能力;

3.具有光电产品硬件和软件的设计、制作与调试能力(核心能力);

4.具备操作光伏电池测试设备的操作能力(核心能力);

5.具备常用的电池片的加工设备的操控能力，能进行切割、焊接和组装（核心能力）；

6.具备较熟练的专业英语阅读能力；

7.具有处理日常事务、沟通协调、与人合作的能力。

职业态度要求：

1.培养爱岗敬业、踏实细心的工作态度；

2.具有良好的组织、管理能力和团队精神，善于沟通；

3.正确处理工学矛盾，努力做到工作学习化、学习工作化，树立终身学习的思想；

4.具有良好的独立性，逻辑思维能力强，学习能力强；

5.具有较强的动手能力，能吃苦耐劳；

6.具有坚定的专业成才理想。

建议：包含专业定位面向主要职业岗位的描述；人才培养目标对职业核心能力的描述；毕业生应具备的基本素质、知识要求、能力要求、职业态度要求等描述。

七、职业证书

中职证书：

1.必须通过（获得）维修电工中级考证或计算机辅助设计绘员（电子）证（中级）。

2.推荐通过（获得）家用电子产品维修工（中级）或电工上岗证。

3.推荐通过全国计算机一级考试（或以上）。

4.推荐通过全国公共英语一级考试（或以上）。

高职证书：

1.必须通过（获得）维修电工高级考证或计算机辅助设计绘图员（电子）证（中级）。

2.必须通过高等学校英语应用能力B级。

3.推荐通过（获得）光伏工程技术高级证。

4.推荐通过（获得）无线电调试工（初级）证书或电子设计初级工程师（初级）证书。

八、课程体系与核心课程（教学内容）

（一）课程体系设计思路

根据区域及周边光伏工程技术行业的市场调研确定工作岗位，从对光伏工程技术工作岗位及工作任务的分析来确定职业能力及知识和素质的要求。对接行业或企业的职业能力要求确定人才培养规格，对接具体工作岗位的设置要求确定课程模块。

围绕高端技术型人才培养目标，综合考虑学生基本素质、职业能力培养与可持续发展,参照光伏工程技术职业岗位任职要求,引入光伏工程技术行业企业技术标准或规范,体现光伏工程技术职业岗位(群)的任职要求、紧贴行业或产业领域的最新发展变化。

（二）课程体系

光伏工程技术专业中高职五年贯通课程体系如图 3-10 所示。

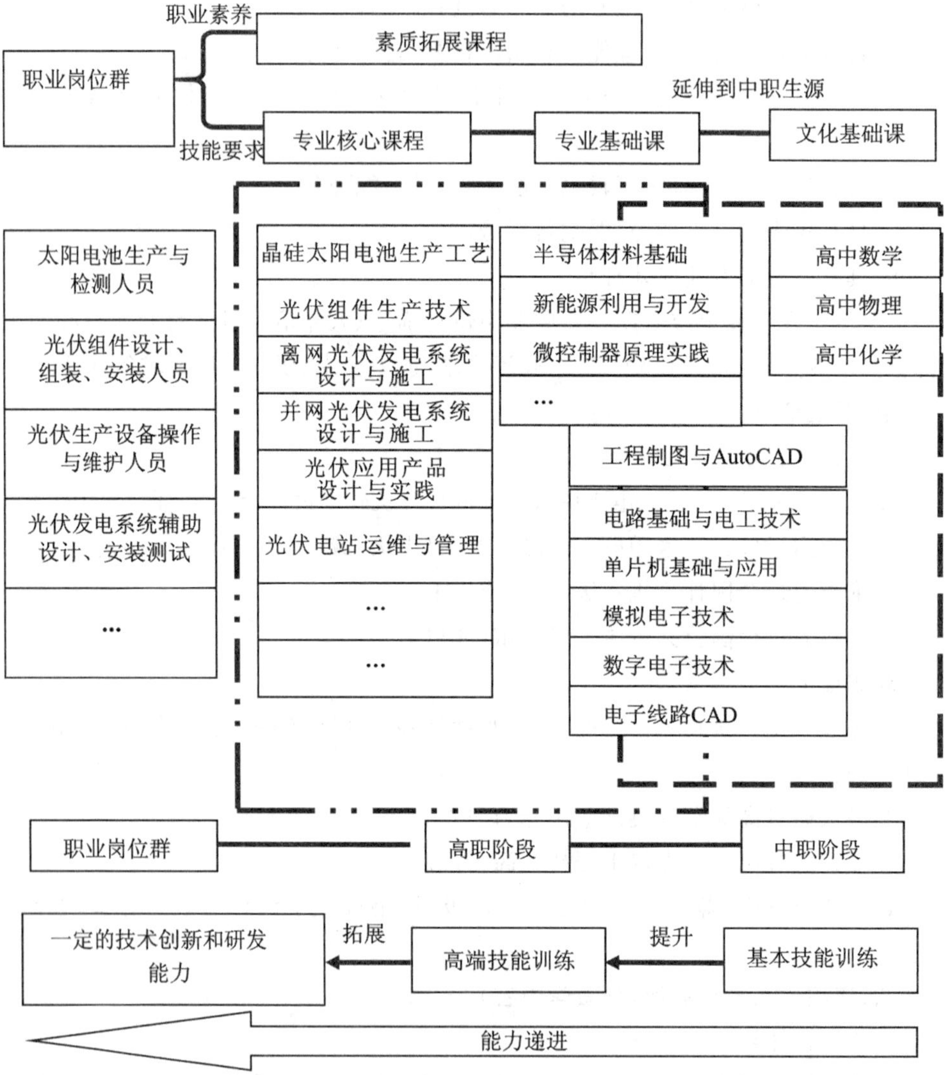

图 3-10　光伏工程技术专业中高职五年贯通课程体系

（三）课程构成（表 3-3）

表 3-3 课程构成

一级模块	二级模块	主要科目课程
基本职业素质模块课程	公共素质模块课程	思想政治、职业道德与法律、体育、语文、数学、英语、计算机应用基础、职业生涯规划、物理、化学、军事理论与训练、毛泽东思想和中国特色社会主义理论体系概论、应用数学
	专业基础素质模块课程	机械基础与 CAD 制图、单片机基础与应用、微控制器原理与实践、新能源利用与开发、晶硅太阳电池生产工艺、半导体材料基础、新能源利用与开发等
双证融通核心模块课程	电工上岗证、维修电工（中级、高级）	电工技术（电工技术基础与实训、电力拖动基础与实训、维修电工中级考证辅导）、模拟电子技术基础与实训、数字电子技术基础与实训
	计算机辅助绘图员证（电子中级、高级）	电子线路 CAD、计算机辅助绘图员证（电子高级）考证辅导
	光伏工程技术高级	晶硅太阳电池生产工艺、光伏组件生产技术、离网光伏系统设计与施工、并网光伏系统设计与施工、光伏电站运维与管理
职业定位顶岗实习模块课程	职业定位专项实训模块课程	职业生涯规划专题讲座、就业指导专题讲座、就业面试指南
	顶岗实习就业模块课程	企业轮岗实习、顶岗实习、毕业论文（实习报告）等

（四）主要专业核心课程

专业核心课程的介绍如表 3-4～表 3-8 所示。

表 3-4 专业核心课程一

核心课程一		晶硅太阳电池生产工艺	
学期	8	学时	90
课程定位： 本课程为光伏工程技术和光伏产品检测技术专业的核心专业课，是与“太阳电池原理及测试”课程相结合的一门理论和实践性一体化的课程。通过对学生进行太阳电池片的制造生产过程的理论和实践一体化教学，使学生掌握光伏产业中游太阳电池片生产工艺流程及相关设备的构造及相关的加工、调试、检测等方面的知识，让学生初步对光伏中游产业链有一个完整的认知，增强学生综合应用能力			

续表 3-4

课程目标：

1. 知识目标

(1)掌握太阳电池的发电原理；

(2)熟悉各工艺的流程及作用；

(3)掌握各工艺所需注意的工艺参数及常见问题；

(4)能够根据产品结果迅速反应，及时调整工艺参数；

(5)掌握太阳电池的检测手段和技术要求；

(6)能够对电池片进行质量评估。

2. 能力目标

(1)能够熟知太阳电池的生产工艺流程；

(2)能够对制绒和刻蚀的工艺有一定了解并分析相应结果；

(3)掌握扩散原理，并根据产品结果对扩散工艺进行相应调整；

(4)能够对 PECVD 过程中容易发生的问题进行处理，并对结果进行分析；

(5)能够实时调控丝网印刷及分选检测过程，保证产品的出厂质量；

(6)能够根据电池片的形貌对其质量进行一定评定。

主要学习内容：

(1)太阳电池原理、工艺简介；

(2)清洗工艺原理、方法及相关工艺；

(3)扩散工艺原理、方法及相关工艺；

(4)PECVD 工艺原理、方法及相关工艺；

(5)丝网印刷工艺原理、方法及相关工艺；

(6)烧结工艺原理、方法及相关工艺；

(7)测试分选原理、方法及相关工艺；

(8)太阳电池检测方法及标准；

(9)实践太阳电池片生产。

作业及考核方案

1. 作业：建议每次课都布置一定量的理论分析与总结类作业及一些拓展性的开放课题让学生课后完成。

2. 考核方案：

序号	成绩构成	考核方式与评价标准	占总成绩的比例
1	平时成绩	作业完成、上课出勤情况	10%
3	期末考试	组织学生期末考试	70%
4	平时实训成绩	完成实训报告及作品情况	20%

说明：根据学习目标要求确定考核方式、评价标准、各部分成绩的比例。以上表格内容可改变。

续表 3-4

教学建议： 1. 本课程理论教学与实践教学相配合，学生在学校学习理论的同时可以在实训室穿插一些实训，同时可以联系相关企业让学生进行顶岗实习。 2. 本课程建议采用“一体化”教学，真正做到“教、学、练、做”一体化。 3. 实践教学尽量采用任务驱动，任务题目多样化，以增加学生的学习兴趣。 4. 课程设计以建议分不同工艺进行，通过校企合作、工学结合能更有效促进学生实践能力的提高。

表 3-5　专业核心课程二

核心课程二		光伏组件生产技术	
学期	9	学时	87
课程定位： 本课程为光伏工程技术专业的核心专业课，是继“半导体材料基础”、“电路基础与电工技术”课程后的一门综合应用实践与提高的实践技能课程。本课程让学生对太阳电池片有深入的认识，同时能够对其外观和性能做出检测、测试；让学生熟练掌握光伏组件及其加工工序，对 EVA 裁剪与备料工艺、TPT 复合薄膜裁剪与备料工艺及钢化玻璃的备料、选购和检测充分掌握；完全掌握电池片的焊接工艺、激光划片。叠层和滴胶工艺，层压工艺，固化、装框与清洗工艺以及光伏组件的检测和装箱等。			
课程目标： 1. 知识目标 (1)了解光伏发电系统构成； (2)了解太阳电池类别； (3)掌握光伏组件及其加工工序； (4)熟悉太阳电池片检测方法； (5)掌握 EVA、TPT、钢化玻璃和焊料的制备方法； (6)熟悉电池片的焊接工艺； (7)熟悉激光划片、叠层和滴胶工艺； (8)掌握层压工艺。 2. 能力目标 (1)能够对简单的光伏发电系统做出分析； (2)能够熟练掌握光伏组件的加工工艺流程； (3)独立完成太阳电池片的检测，如外观、电性能检测等； (4)能够熟练完成 EVA、TPT 裁剪和备料工艺； (5)熟练掌握焊接工艺，如单片焊接和串联焊接等工艺； (6)熟悉掌握激光划片、拼接与叠层工艺和滴胶工艺； (7)能够完成层压、固化、装框与清洗工艺； (8)能够对光伏组件的性能进行准确测试。			

续表 3-5

主要学习内容：

(1)光伏组件加工基础；

(2)太阳电池片的检测；

(3)EVA、TPT、钢化玻璃和焊接的制备；

(4)电池片的焊接工艺；

(5)激光划片、叠层和滴胶工艺；

(6)层压工艺；

(7)固化、装框与清洗；

(8)光伏组件的检测与装箱。

作业及考核方案：

1.作业：建议每次课都布置一定量的理论分析与总结类作业及一些拓展性的开放课题让学生课后完成。

序号	成绩构成	考核方式与评价标准	占总成绩的比例
1	平时成绩	作业完成、上课出勤情况	10%
2	分项考核	分阶段进行如仪表仪器、插装焊接、贴片焊接等分项目的技能考核	50%
3	期末考试	学生组装调试电路	20%
4	平时实训成绩	完成实训报告及作品情况	20%

2.考核方案：

说明：根据学习目标要求确定考核方式、评价标准、各部分成绩的比例。以上表格内容可改变。

教学建议：

1.本课程理论教学与实践教学配合，以技术和技能训练为主。

2.本课程建议采用“一体化”教学，真正做到“教、学、练、做”一体化。

3.实践教学尽量采用任务驱动，任务题目多样化，以增加学生的学习兴趣。

4.课程设计建议分组进行，通过校企合作、工学结合能更有效地促进学生实践能力的提高。

表 3-6 专业核心课程三

核心课程三		单片机基础与应用	
学期	5、6	学时	90

课程定位：

本课程为电子信息专业的专业核心课程，一方面为高职的专业课(太阳电池原理及测试、光伏系统的设计与施工等)打基础，另一方面其课程本身也是一门实用性和技术性都非常高的专业课程，能为学生今后的专业发展奠定很好的基础。

续表 3-6

课程目标： 1. 知识目标 (1)掌握 51 单片机内部结构及工作原理； (2)掌握 51 单片机的 C 语言指令系统； (3)掌握 C 语言基本程序控制结构与应用； (4)掌握常用单片机常用输入与输出接口电路； (5)熟悉 51 单片机的内部资源； (6)掌握单片机的常用键盘技术与显示技术； (7)掌握单片机常用外部资源(AD、DA、SPI、I2C、WDT、PWM)应用技术。 2. 能力目标 (1)能熟练使用 KEIL C51 环境编写、调试、编译单片机控制程序； (2)具有简单功能闭环自控系统的电路和程序设计能力； (3)具有根据产品要求进行程序修改和功能扩展的能力； (4)熟练掌握温度、湿度、光照度等与光伏产业密切相交的传感器在单片机系统中的应用技巧与方法； (5)熟练掌握步进电机、交直流电机、PMW 等常见驱动电路的应用技巧与方法。
主要学习内容： (1)用 C51 程序点亮一个发光二极管； (2)单片机 C51 程序设计及 I/O 接口应用：流水灯设计、蜂鸣器发声、继电器、步进电机的控制； (3)单片机中断、定时器的应用：数码管静态显示数字、数码管动态显示数字； (4)独立键盘的检测：每按下一次键盘使数码管的值加 1； (5)矩阵键盘的检测：顺序按下矩阵键盘，能够在数码管上依次显示 0—F 的值； (6)A/D、D/A 工作原理与应用：利用 ADC0808 进行电压测试，数码管显示数据范围为 0～255； (7)串口通信原理及应用； (8)通用型 1602、12864 液晶的应用； (9)步进电机及交直流电机的控制与应用； (10)单片机应用系统的开发实例：自动晾衣架的设计； (11)单片机应用系统的开发实例：太阳能充/放电控制器的设计与制作。
作业及考核方案 1. 作业 (1)KEIL C51 语言的基本语法及指令； (2)C 语言的顺序、分支、循环、数组； (3)彩灯的简单、复杂控制 C51 编程； (4)交通灯控制 C51 编程，汽车转向灯控制 C51 编程； (5)LED 显示器应用及程序设计；

续表 3-6

(6)键盘输入及控制技术；
(7)单片机中断、定时技术与应用；
(8)单片机串行通信接口的编程实验；
(9)并行 A/D 和 D/A 接口编程实验；
(10)LCD 显示器应用与程序设计；
(11)步进电机原理与应用；
(12)交流、直流电机的控制；
(13)自动晾衣架的设计；
(14)太阳能充/放电控制器的设计与制作。

2. 考核方案

序号	成绩构成	考核方式与评价标准	占总成绩的比例
1	平时成绩	作业完成、上课出勤情况	10%
2	期末考试	实操考核；学生设计电路、编制程序的能力	40%
3	平时实训成绩	各次实训项目的完成情况	10%
4	课程设计	完成实训报告及作品情况	40%

说明：根据学习目标要求确定考核方式、评价标准、各部分成绩的比例。以上表格内容可改变。

教学建议：

1. 本课程理论教学与实践教学配合，以技术和技能训练为主。
2. 本课程建议采用“一体化”教学，真正做到“教、学、练、做”一体化。
3. 实践教学尽量采用任务驱动，任务题目多样化，以增加学生学习单片机的兴趣。
4. 课程设计建议分组进行，提高学生的综合设计能力。

表 3-7　专业核心课程四

核心课程四		并网光伏系统设计与施工	
学期	9	学时	96

课程定位：

该课程是光伏工程技术专业及光伏产品检测专业的核心课程，目标是让学生掌握光伏系统主要部件的类型选型和一定的测试能力，可熟练完成简单光伏系统基本设计的能力，及完成对光伏系统的功能做主要测试的能力。

它主要以“电路基础”“新能源概论”“太阳电池材料”课程的学习为基础，对“模拟电子技术与实践”“电工技术”“数字电子技术与实践”“电子测量”等课程的基础也有一定要求，同时也是进一步学习“离网光伏系统”课程的基础。

续表 3-7

课程目标：

1. 知识教学目标

(1)了解太阳光谱特性；

(2)掌握太阳电池的特性与设计理论；

(3)掌握电池互联的工艺与组件装配流程；

(4)掌握独立光伏发电系统的设计方法；

(5)掌握并网光伏系统的设计方法；

(6)掌握光伏水泵的设计方法。

2. 能力目标

(1)能按把光伏学理论应用于生产实际；

(2)能按生产实际编写生产工艺的指导；

(3)能熟练对光伏系统控制器和逆变器进行选型和操作；

(4)能熟练掌握光伏系统相关容量设计和硬件设计；

(5)能熟练掌握光伏系统安装施工与检查测试。

主要学习内容：

(1)太阳光谱特性及 PN 结；

(2)太阳电池特性；

(3)太阳电池的互联与组件的装配；

(4)独立光伏系统的结构与设计；

(5)光伏的特殊应用；

(6)并网光伏系统；

(7)光伏水泵系统设计。

作业及考核方案

1. 作业：建议每次课都布置一定工作量的进阶性设计项目给学生课后完成。项目必须与当次课程的项目有继承性和实践性，最好能与现实的开发设计项目相结合，培养学生解决实际问题的能力。

2. 考核方案

序号	成绩构成	考核方式与评价标准	占总成绩的比例
1	平时成绩	课堂项目完成、上课出勤情况	20%
2	分项考核	进阶项目作业的完成情况	50%
3	期末考试	综合开发设计项目的完成情况	30%

教学建议：

1. 课堂中向学生展示光伏应用产品的实物，加深学生的感性认识；

2. 参观光伏电站与组件生产厂，加深学生对并网光伏发电技术的认识和理解，加强学生的专业思想、激发学生的学习兴趣；

3. 实训项目尽量切合实际开发项目，结合光伏专业的产品对象；

4. 采用“理实一体化”教学，真正做到“教、学、练、做”一体化。

5. 把实训的优秀作品制作出来交流展示，提高学生兴趣。

6. 建立设计工作室接受中小企业的产品开发项目，使学生接触现实的开发要求。

7. 加强作品的交流与点评反馈，强化教学效果。

表 3-8　专业核心课程五

<table>
<tr><td colspan="2">核心课程五</td><td colspan="2">离网光伏系统设计与施工</td></tr>
<tr><td>学期</td><td>9</td><td>学时</td><td>64</td></tr>
<tr><td colspan="4">课程定位：
该课程是光伏工程技术专业核心课程，目标是让学生具备构成独立光伏系统的四个主要部件其性能选型及测试的能力、独立完成独立光伏系统整合设计的能力，及完成独立光伏系统的功能测试和运行性能评估的能力。
它主要以“电路基础”“光伏组件生产工艺”“光伏系统设计”课程的学习为基础，同时对学习“并网光伏系统”课程起互为补充与基础借鉴作用。</td></tr>
<tr><td colspan="4">课程目标：
1.知识目标
(1)掌握太阳辐射规律；
(2)掌握依据太阳高度角及方位角分析阴影情况的方法；
(3)掌握客户需求分析方法；
(4)掌握离网光伏应用的最简系统设计；
(5)了解离网光伏系统储能装置的特性与适用场合；
(6)掌握离网光伏系统控制器的选型方法；
(7)掌握离网光伏系统设计方法；
(8)掌握离网光伏系统的检测方法与性能评估。
2.能力目标
(1)能熟练完成离网光伏系统四个主要部件的测试；
(2)能根据用户需求快速完成离网光伏系统的主体设计；
(3)掌握离网光伏系统的组成及基本构造；
(4)可熟练完成离网光伏系统的功能测试；
(5)能在一定程度上对离网光伏系统的可靠性及寿命做出评估；
(6)具备对离网光伏系统四大部件的基本甄别、采购能力；
(7)有一定的离网光伏系统产品市场与销售能力。</td></tr>
<tr><td colspan="4">主要学习内容：
(1)分析与测试太阳辐射规律；
(2)太阳电池与组件设计；
(3)典型离网光伏系统应用的最简系统；
(4)离网光伏系统的储能装置；
(5)离网光伏系统控制器；
(6)离网光伏系统设计；
(7)离网光伏系统功能测试；
(8)离网光伏系统运行性能评价。</td></tr>
<tr><td colspan="4">作业及考核方案：
1.作业：建议每次课都布置一定量的理论分析及一些拓展性的开放课题让学生课后完成。突出阶段评价、目标评价、理论与实践一体化评价。关注评价的多元性与真实性，鼓励学生组成小型学习团队完成学习能力的团队积累，并完成自评和互评。8大工作任务从基础开始，逐个完成进阶的评价。融入考试、考核大纲中的内容。</td></tr>
</table>

续表 3-8

<table>
<tr><td>
2.考核方案

序号	成绩构成	考核方式与评价标准	占总成绩的比例
1	平时成绩	作业完成、上课出勤情况	10%
2	分项考核	分阶段进行教学进度	50%
3	期末考试	学生组装调试电路	20%
4	平时实训成绩	完成实训报告及作品情况	20%

说明:根据学习目标要求确定考核方式、评价标准、各部分成绩的比例。以上表格内容可改变。
</td></tr>
<tr><td>
教学建议:

1.本课程理论教学与实践教学配合,以技术和技能训练为主。

2.本课程建议采用“一体化”教学,真正做到“教、学、练、做”一体化。

3.实践教学尽量采用任务驱动,任务题目多样化,以增加学生的学习兴趣。

4.课程设计建议分组进行,通过校企合作、工学结合能更有效地促进学生实践能力的提高。
</td></tr>
</table>

(五)教学进程安排

(1)教学周数分配表(表 3-9)

表 3-9 教学周数分配表

学年	学期	教学周数	课内教学	集中实践教学	复习考试	入学、毕业教育	军训机动	放假	总周数
一	1	16	16		1	1	2	4	24
	2	18	16	2	1		1	8	28
二	3	18	18		1		1	4	24
	4	18	15	3	1		1	8	28
三	5	18	18		1		1	4	24
	6	18	9	9			2	8	28
四	7	18	18		1		1	4	24
	8	18	15	3	1		1	8	28
五	9	18	16	2	1		1	4	24
	10	16		16		2	2		20
合计		176	141	35	8	3	13	52	252

(2)教学进程总表(表 3-10)

表 3-10 教学进程总表

课程设置与教学安排表																				
类别	序号	课程代码	课程名称	学分	学时分配				学期周学时分配										备注
					总学时	讲授	实验	实践	一	二	三	四	五	六	七	八	九	十	
									16w	16w	18w	15w	18w	9w	18w	15w	16w	16w	
公共基础课	1		思想政治	6.0	98	98				2	2	2							
	2		职业道德与法律	2.0	32	32				2									
	3		体育	16.0	232	42		190	2	2	2	2	2		2	2			
	4		语文	16.0	260	260			4	4	4	4							
	5		数学	16.0	260	260			4	4	4	4							
	6		英语	24.0	368	368			4	4	4	4	4	4					
	7		计算机应用基础	4.0	64	30	34		4										
	8		职业生涯规划	2.0	36	36							2						
	9		物理	8.0	144	72	72						8						
	10		化学	3.0	54	28	26							6					
	11		入学教育	1.0	23	23			1w										
	12		军训	2.0	46			46	2w										
	13		职业生涯规划专题讲座	2.0	32	16		16					(16)			(16)			
	14		毛泽东思想和中国特色社会主义理论体系概论	2.0	36	36									2				

续表 3-10

课程设置与教学安排表																				
类别	序号	课程代码	课程名称		学分	学时分配				学期周学时分配										备注
						总学时	讲授	实验	实践	一	二	三	四	五	六	七	八	九	十	
										16w	16w	18w	15w	18w	9w	18w	15w	16w	16w	
公共基础课	15		应用数学		4.5	72	72									4				
	16		就业指导专题讲座		1.0	16	8		8							(8)	(8)			
	17		就业面试指南		1.0	16	8		8									(16)		
	小计				110.5	1789	1389	132	268	18	18	16	16	16	10	8	2			
专业基本素质必修课	1		机械基础与CAD制图		4.5	72	30	42				4								
	2		电工技术	电工技术基础与实训	4.0	64	32	32		4										
				电力拖动基础与实训	4.0	64	32	32			4									
				维修电工中级考证辅导	4.0	60	20	40					4							
	3		模拟电子技术基础与实训		6.0	96	50	46		2	4									
	4		电子产品制作实训(校内)		1.0	23			23		1w									
	5		钳工实训(校内)		1.0	23			23		1w									
	6		企业工学结合		3.0	69			69				3w							
	7		电子线路CAD		4.5	72	30	42				4								
	8		数字电子技术基础与实训		8.0	132	66	66					4	4						

续表 3-10

课程设置与教学安排表																				
类别	序号	课程代码	课程名称	学分	学时分配				学期周学时分配										备注
					总学时	讲授	实验	实践	一	二	三	四	五	六	七	八	九	十	
									16w	16w	18w	15w	18w	9w	18w	15w	16w	16w	
	9		顶岗实习	9.0	207			207						9w					
	10		电子产品工艺实训	4.5	72	32	40						2	4					
	11		单片机基础与应用	5.5	90	44	46						2	6					
	12		传感器技术基础	2.0	36	16	20							4					
	13		微控制器原理与实践	6.5	108	54	54								6				
	14		新能源利用与开发	2.0	36	18	18								2				
	15		晶硅太阳电池生产工艺	6.0	90	50	40									6			
	16		半导体材料基础	2.0	30	20	10									2			
	17		企业轮岗实习(3周)	3.0	69			69								3w			
	18		光伏产品检测技术	4.0	60	40	20									4			
	19		离网光伏系统设计与施工	4.0	64	32	32										4		
	20		光伏组件生产技术	5.5	87	32	32	23									4		
	21		光伏电站运维与管理	5.5	87	32	32	23									4		
	22		并网光伏系统设计与施工	6.0	96	48	48										6		
	23		顶岗实习与毕业设计(16w)	16.0	368			368										16w	
	24		毕业教育	2.0	46			46										2w	
	小计			123.5	2221	678	692	851	6	8	8	8	8	14	8	12	18		

续表 3-10

课程设置与教学安排表																			
类别	序号	课程代码	课程名称	学分	学时分配				学期周学时分配										备注
					总学时	讲授	实验	实践	一	二	三	四	五	六	七	八	九	十	
									16w	16w	18w	15w	18w	9w	18w	15w	16w	16w	
专业拓展课	1		计算机辅助绘图员证(电子高级)考证辅导	4.5	72	36	36								4				
	2		光伏 LED 元件及产品制造技术	2.0	36	20	16								2	2			
	3		光伏应用产品设计与实践	2.0	30	20	10									2			
	4		光伏 LED 照明驱动与控制技术	2.0	30	20	10									2			
	5		LED 灯具测量技术	2.0	30	20	10									2			
	6		企业生产与质量管理	2.0	30	20	10									2			
	7		太阳能应用产品测试与评估	2.0	36	26	10												
	8		学生创新训练	2.0	36	18	18												
	9		素质教育与拓展训练项目	8.0	128	64		64	分为学术讲座、社会实践、职业技能、人文艺术四个类别，贯穿在各个学期，按素质拓展办公室安排执行，必选10学分										
	小计			26.5	428	244	120	64	0	0	0	0	0	0	8	8	4		
总学分、学时合计				260.5	4438	2311	944	1183	24	24	24	24	24	24	22	22	22		

注：1. 周实训的学时数未计入周学时；
2. 带括号的学时数为本学期根据具体情况随机安排。

(3)中职进程表(表 3-11)

表 3-11　中职进程表

类别	序号	课程代码	课程名称	学分	学时分配				学期周学时分配						备注
					总学时	讲授	实验	实践	一	二	三	四	五	六	
									16w	16w	18w	15w	18w	9w	
公共基础课	1		思想政治	6.0	98	98				2	2	2			
	2		职业道德与法律	2.0	32	32				2					
	3		体育	12.0	166	30		136	2	2	2	2	2		
	4		语文	16.0	260	260			4	4	4	4			
	5		数学	16.0	260	260			4	4	4	4			
	6		英语	24.0	368	368			4	4	4	4	4	4	
	7		计算机应用基础	4.0	64	30	34		4						
	8		职业生涯规划	2.0	36	36							2		
	9		物理	8.0	144	72	72						8		
	10		化学	3.0	54	28	26							6	
	11		入学教育	1.0	23	23			1w						
	12		军训	2.0	46			46	2w						
	13		职业生涯规划专题讲座	1.0	16	16							(16)		
	小计			97.0	1567.0	1253.0	132.0	182.0	18	18	16	16	16	10	

续表 3-11

类别	序号	课程代码	课程名称		学分	学时分配				学期周学时分配						备注
						总学时	讲授	实验	实践	一	二	三	四	五	六	
										16w	16w	18w	15w	18w	9w	
专业基本素质必修课	1		机械基础与CAD制图		4.5	72	30	42				4				
	2		电工技术	电工技术基础与实训	4.0	64	32	32		4						
				电力拖动基础与实训	4.0	64	32	32			4					
				维修电工中级考证辅导	4.0	60	20	40					4			
	3		模拟电子技术基础与实训		6.0	96	50	46		2	4					
	4		电子产品制作实训（校内）		1.0	23			23		1w					
	5		钳工实训（校内）		1.0	23			23		1w					
	6		企业工学结合		3.0	69			69				3w			
	7		电子线路CAD		4.5	72	30	42				4				
	8		数字电子技术基础与实训		8.0	132	66	66					4	4		
	9		顶岗实习		9.0	207			207						9w	
	10		电子产品工艺实训		4.5	72	32	40						2	4	
	11		单片机基础与应用		5.5	90	44	46						2	6	
	12		传感器技术基础		2.0	36	16	20							4	
	小计				61.0	1080	352	406	322	6	8	8	8	8	14	
总学分、学时合计					158.0	2647	1605	538	504	24	24	24	24	24	24	

(4)高职进程表(表 3-12)

表 3-12　高职进程表

课程设置与教学安排表													
课程类别	序号	课程代码	课程名称	学分	学时分配				学期周学时分配				备注
					总学时	讲授	实验	实践	七	八	九	十	
									18w	15w	16w	16w	
公共基础课	1		毛泽东思想和中国特色社会主义理论体系概论	2.0	36	36			2				
	2		体育	4.0	66	12		54	2	2			
	3		应用数学	4.5	72	72			4				
	4		职业生涯规划专题讲座	1.0	16	16				(16)			
	5		就业指导专题讲座	1.0	16	8		8	(8)	(8)			
	6		就业面试指南	1.0	16	8		8			(16)		
	小计			13.5	222	152		70	8	2			
专业基本素质必修课程	1		微控制器原理与实践	6.5	108	54	54		6				
	2		新能源利用与开发	2.0	36	18	18		2				
	3		晶硅太阳电池生产工艺	6.0	90	50	40			6			
	4		半导体材料基础	2.0	30	20	10			2			
	5		企业轮岗实习(3 周)	3.0	69			69		3w			
	6		光伏产品检测技术	4.0	60	40	20			4			
	7		离网光伏系统设计与施工	4.0	64	32	32				4		
	8		光伏组件生产技术	5.5	87	32	32	23			4		
	9		光伏电站运维与管理	5.5	87	32	32	23			4		
	10		并网光伏系统设计与施工	6.0	96	48	48				6		
	11		顶岗实习与毕业设计(16w)	16.0	368			368				16w	
	12		毕业教育	1.0	23			23				1w	
	小计			61.5	1118	326	286	506	8	12	18		

续表 3-12

课程设置与教学安排表													
课程类别	序号	课程代码	课程名称	学分	学时分配				学期周学时分配				备注
					总学时	讲授	实验	实践	七	八	九	十	
									18w	15w	16w	16w	
专业拓展课	1		计算机辅助绘图员证(电子高级)考证辅导	4.5	72	36	36		4				
	2		光伏 LED 元件及产品制造技术	2.0	36	20	16		2				
	3		光伏应用产品设计与实践	2.0	30	20	10			2			
	4		光伏 LED 照明驱动与控制技术	2.0	30	20	10			2			
	5		LED 灯具测量技术	2.0	30	20	10			2			
	6		企业生产与质量管理	2.0	30	20	10			2			
	7		太阳能应用产品测试与评估	2.0	36	26	10				2		
	8		学生创新训练	2.0	36	18	18				2		
	9		素质教育与拓展训练项目	8.0	128	64		64	分为学术讲座、社会实践、职业技能、人文艺术四个类别，贯穿在各个学期，按素质拓展办公室安排执行，必选 10 学分				
	小计(要求必选 8 学分)			26.5	428	244	120	64	6	8	4		
总学分、学时合计				101.5	1768	722	406	640	22	22	22		

(5)集中实践教学安排表(表 3-13)

表 3-13　集中实践教学安排表

类型	序号	课程代码	课程名称	课程类型	周数(学时)	学分	学期及学时安排	备注
课内实验与实训	1		钳工实训	必修课	1 周	1	第二实践学期	
	2		收音机组装与调试	必修课	1 周	1	第二实践学期	
	3		光伏组件生产实训	必修课	1 周	1	第九实践学期	
	4		并网光伏系统的设计与施工(实践)	必修课	1 周	1	第九实践学期	
	小计				4 周	4		

续表 3-13

类型	序号	课程代码	课程名称	课程类型	周数(学时)	学分	学期及学时安排	备注
	1		企业工学结合	必修课	3 周	3	第四实践学期	
	2		顶岗实习	必修课	9 周	9	第六实践学期	
	3		企业轮岗实习	必修课	3 周	3	第八实践学期	
	小计				15 周	15		
论文与设计	1		顶岗实习与毕业设计	必修课	16 周	16	第十学期	
	小计				16 周	16		
其他实践环节	1		军事训练	必修课	2 周	2	第一学期	
	2		入学教育	必修课	1 周	1	第一学期	
	3		毕业教育	必修课	2 周	2	第十学期	
	小计				5 周	5		
合计					40 周	40		

九、专业办学基本条件和教学建议

1. 专业教学团队

光伏工程技术专业按照“共同制订培养方案、共同开发核心课程、共同打造双师队伍、共同建设实训基地”的思路，由专业带头人、骨干教师、光伏行业专家和技术骨干共同组建专业指导委员会，行、企业专家和技术骨干根据企业相关技术岗位需求，提出对学生的岗位能力要求，专业带头人和骨干教师结合学校对学生的综合素质要求，确定专业培养目标，设计专业课程体系，学校和企业共同确定和开发核心课程，由企业和学校共同构建“双师”教学队伍。

实施专业教师定期下企业顶岗实践的制度，鼓励教师获取职业技能证书，促使专业骨干教师积累工作经历，提高专任教师的双师素质。建立与合作企业技术人员定期技术研讨和经验交流的机制，继续聘请行业企业的专业人才和能工巧匠担任兼职教师，逐步形成实践技能课程主要由具有相应高技能水平的兼职教师讲授的机制。建立专业双带头人制度，促进专业带头人扩大行业影响力。

根据各专业的要求及特点，按照课程的性质及地位，对教师的要求做出相应的建议与说明，具体情况见表 3-14。

表 3-14 光伏工程技术专业师资结构及配置一览表

课程名称	专业名称	学历学位	教学职称	技术职称	教学经历	实践经历
微控制器原理与实践	信号与信息处理或应用电子	硕士研究生或博士研究生	助教或讲师		2 年	1 年
新能源利用与开发	材料物理与化学	硕士研究生或博士研究生	讲师或副教授		1 年	3 年
晶硅太阳电池生产工艺	材料物理与化学	硕士研究生或博士研究生	讲师或副教授		1 年	半年
半导体材料基础	材料物理与化学	硕士研究生或博士研究生	助教或讲师		1 年	3 年
光伏电站运维与管理	物理或电力电子	硕士研究生或博士研究生	助教或讲师		1 年	半年
离网光伏系统设计与施工	物理或电力电子	学士或硕士研究生	讲师或副教授		19 年	5 年
光伏组件生产技术	材料物理化学	硕士研究生或博士研究生	助教或讲师		1 年	三个月
光伏应用产品设计与实践	物理或电力电子	硕士研究生或博士研究生	助教或讲师		1 年	三个月
并网光伏系统设计与施工	物理或电力电子	学士或硕士研究生	讲师或副教授		19 年	5 年
机械基础与CAD 制图	机电一体	本科学士或硕士研究生	中学机电高级	机电维修技师	15 年	1 年
电工技术	电力电子	本科学士或硕士研究生	中学电工高级	维修电工技师	2 年	1 年
模拟电子技术基础与实训	半导体物理或电子信息	本科学士或硕士研究生	中学电子高级或中学电教一级	电子技术高级工程师	2 年	14 年
电子线路 CAD	电子信息	本科学士或硕士研究生	中学电教一级	家用电子产品维修技师	14 年	1 年
数字电子技术基础与实训	半导体物理或电子信息	本科学士或硕士研究生	中学电子高级或中学电教一级	电子技术高级工程师	2 年	14 年
电子产品工艺实训	电子信息	本科学士或硕士研究生	中学电子一级	家用电子产品维修技师	15 年	1 年
单片机基础与应用	电子信息或应用电子	本科学士或硕士研究生	中学电子二级	家用电子产品维修技师	6 年	2 年
传感器技术基础	电子信息或应用电子	本科学士或硕士研究生	中学电子二级	无线电调试技师	2 年	1 个月

表 3-15　光伏工程技术专业校外兼职教师一览表

序号	姓名	学位	职称	单位	任课情况
1	班群	博士	研发总监	爱康太阳能科技有限公司	太阳电池生产工艺实训指导、光伏产品设计指导
2	康凯	博士	高级工程师	爱康太阳能科技有限公司	太阳电池生产工艺实训指导、毕业设计指导
3	孙韵琳	博士	工程师	顺德中山大学太阳能研究院	光伏系统设计实训指导、毕业设计指导
4	舒江东	硕士	工程师	顺德中山大学太阳能研究院	光伏系统设计实训指导、毕业设计指导
5	王学孟	硕士	工程师	顺德中山大学太阳能研究院	太阳电池检测实训指导、毕业设计指导
6	郑海兴	硕士	工程师	光伏质检中心	光伏技术应用及光伏检测技术实训指导、毕业设计指导
7	张万辉	博士	工程师	光伏质检中心	光伏技术应用及光伏检测技术实训指导、毕业设计指导
8	沈辉	博士	教授	中山大学太阳能系统研究所	光伏技术前沿讲座、毕业设计指导
9	洪瑞江	博士	教授	中山大学太阳能系统研究所	光伏技术前沿讲座、毕业设计指导
10	梁宗存	博士	副教授	中山大学太阳能系统研究所	光伏技术前沿讲座、毕业设计指导
11	邓幼俊	硕士	副教授	中山大学太阳能系统研究所	太阳电池生产工艺实训指导、光伏产品设计指导
12	李斌	本科	高级工程师	佛山市柏瑞电子科技有限公司	电子产品生产实习
13	林烈堂	本科	高级工程师	东莞东巨电子有限公司	企业管理与企业文化、生产实习
14	张浩华	本科	高级工程师	佛山青松科技有限公司	节能电光源技术及管理艺术、毕业设计指导
15	林维国	本科	工程师	东莞东巨电子有限公司	美国 UL 安规、电子企业的静电防护、生产实习
16	陈金育	专科	工程师	佛山众盈电子有限公司	UPS 电源技术、毕业设计

2. 教学设施（表 3-16～表 3-17）

表 3-16　实训项目及资源配置

序号	实训项目	学分	学时	学期	起始周	主要内容及要求	实训设备要求	实训成果	实训室名称
1	钳工实训（1w）	1	28	2	20 周	制作六角螺母	机床、工具（如钻床、砂轮、手电钻等）	实训报告	钳工实训室
2	电子产品制作实训	1	28	2	18 周	组装收音机	电烙铁、电风枪、吸锡器、示波器等	一批收音机实物和实训报告	电子产品装配实训室
3	企业工学结合（3w）	3	168	4	16～18 周	企业生产与管理锻炼		实践报告	企业
4	顶岗实习（9w）	10	280	5	1～9 周	企业生产与管理锻炼		实习报告	企业
5	企业轮岗实习（4w）	5	112	8	18～21 周	企业生产与管理锻炼		实习报告	企业
6	光伏组件生产技术（1w）	1	23	9	17 周	光伏电池组件制作	光伏电池主要生产设备	实训报告	光伏组件生产实训室
7	光伏发电系统实训（1w）	1	23	9	18 周	光伏发电系统技术实训	光伏发电系统及主要配件	实训报告	光伏发电实训室
8	顶岗实习与毕业设计（16w）	16	448	10	1～16 周	企业生产与管理锻炼		实习报告和毕业论文	企业与学校

表 3-17　校外实习基地

序号	实习实训基地名称	基本条件与要求	主要实践教学项目	容纳学生人数	合作单位名称
1	广东爱康太阳能科技有限公司	太阳电池生产线	晶硅太阳电池生产工艺实训、生产设备操作实训	200	广东爱康太阳能科技有限公司
2	广东保威新能源有限公司	光伏组件的生产线	光伏组件的生产实训	100	广东保威新能源有限公司
3	佛山青松科技有限公司	LED 生产线	节能电光源技术及管理实训	60	佛山青松科技有限公司

续表 3-17

序号	实习实训基地名称	基本条件与要求	主要实践教学项目	容纳学生人数	合作单位名称
4	佛山市国星光电股份有限公司	LED 光源生产线	LED 光源生产实习实训	200	佛山市国星光电股份有限公司
5	佛山职业技术学院 2.5 MWp 电站	光伏发电站	光伏发电系统电站的安装、调试和日常维护实训	100	内蒙古神舟电力

3. 教材及图书、数字化(网络)资料等学习资源

专业核心课程是教学改革的重点和突破点,光伏工程技术专业选择了电子线路 CAD、电子产品工艺实训、单片机基础与应用、晶硅太阳电池生产工艺、太阳电池原理及测试、光伏组件生产技术、独立光伏系统、并网光伏系统共 8 门专业核心课程进行重点建设,带动特色教材、网络课程、实验实训、师资队伍建设。

核心课程建设的定位是三个"具有"和一个体现,即具有鲜明专业特色、具有鲜明工学结合特征、具有鲜明的职业特色,体现培养学生核心竞争力的专项技能课程。

建设的思路是:(1)基于光伏应用产品的设计、生产、调试的工作过程来重构课程内容,突出学生职业能力和实践技能的培养,增强实践环节,在教学活动中实现"教一学一做"一体化。(2)采用"任务驱动,项目引导"的教学模式,选取真实的工程任务,围绕项目安排课程内容,组织教学活动。(3)基于以生产性实训基地为基础的实践教学平台,学生在真实的工作环境进行课程实践和项目开发。(4)核心课程标准与企业岗位要求相衔接,培养学生的职业能力和职业素养。

为提高教学质量,教材选用反映较好的高职高专教材,选用比例达 90%以上。表 3-18 是光伏工程技术专业教材图书及相关学习资料。

表 3-18 光伏工程技术专业教材图书及相关学习资料配置一览表

序号	课程名称	教材名称	相关图书资料数量	相关实训软件名称	相关实训室名称
1	电子线路 CAD	《Protel 2004 项目实训》	7 种 42 册	ProtelDXP2004SP2 Protel 教学光盘	EDA 实训室 PCB 制作实训室
2	电子产品工艺实训	《电子产品结构工艺》(第 3 版)	23 种 49 册	电子产品制造工艺教学光盘	电子产品装配实训室
3	单片机基础与应用	《单片机应用与调试项目教程》(C 语言版)	37 种 226 册	KEILC51 软件、取模软件、Protues 仿真软件	单片机应用实训室
4	晶硅太阳电池生产工艺	《晶体硅太阳电池生产工艺》	5 种以上	PC1D 软件	仿真模拟实训室

续表 3-18

序号	课程名称	教材名称	相关图书资料数量	相关实训软件名称	相关实训室名称
5	光伏产品检测技术	《光伏产品检测技术》	6 种以上		光伏产品检测实训室
6	光伏组件生产技术	《光伏组件生产工艺》	3 种以上		光伏组件实训室
7	离网光伏系统设计与施工	《离网光伏系统设计与调试》	3 种以上		光伏应用系统设计中心
8	并网光伏系统设计与施工	《并网光伏系统设计与施工》	5 种以上		光伏应用系统设计中心

4.教学方法、手段与教学组织形式建议

根据职业院校学生的特点，建议采用“教、学、做”一体化的教学模式，以项目为导向，任务驱动的方式进行。建议采用如下教学方法：

(1)讲授法。

(2)小组单元法。

(3)引导文法。

(4)案例教学法。

(5)教学做一体化法。

(6)项目任务驱动教学法。

5.教学评价、考核建议

建议：突出能力的考核评价方式，体现对综合素质的评价；吸纳更多行业企业和社会有关方面组织参与考核评价。

光伏工程技术专业从培养高端技能型人才的需要出发，实行多元的评价方式，对于学生的学习效果进行评价，有效地促进了学生职业素养和职业能力的提高。

(1)综合评价方式　综合卷面考试、实训项目小组评价、技能考核等各项成绩，评定学生的课程总成绩。

(2)校企共同评价　在学生实习中，采用校企共同评价方式，由专业指导教师和企业指导教师共同评价，确定学生的实习总成绩。

(3)职业证书评价　根据学生获取职业资格证书的情况，对学生的职业技能进行评价。近年来该专业毕业生获取专业规定的职业证书的比例均在98%以上。

(4)职业技能竞赛评价　根据学生参加校内、校外职业技能竞赛的情况，对学生的职业技能进行评价。

(5)第三方评价　根据第三方调研机构的毕业生就业率和就业质量的调研结果，对该专业的学生学习效果进行评价。

6.教学管理

1)学分计算办法

学分是计算学生学习分量和成绩的单位,是确定学生能否毕业的重要依据。学分计算要以课程在专业课程设置(教学计划)中安排的课时数为依据,并适当考虑课程的结构地位与学习难度。具体计算方法是:

(1)实行学分制,三年制专业学生毕业应修满的总学分不低于170学分。

(2)课程设置中的课程学分计算,以每周1学时为1学分。

(3)军训、入学教育、毕业教育、公益劳动、社会调查、大型作业、课程设计、集中教学实习、生产实习、专业实习、毕业设计和毕业实习的学分计算,以23个课时(相当于一周课时数)为1个学分。

(4)学生通过国家认可的大专以上层次的课程考核合格,可申请免修相应课程,经教务部门审核,学校批准后承认其相应的学分。

(5)凡获得国家认可的资格证书或技能等级证书者、按证书级别加2～8分(考证级别由教务部门组织认定)。

(6)学生参加校内或区级以上各类竞赛获得名次,按不同级别名次适当计分(同一内容比赛按最高级别计算):

校内比赛:一等奖1.5学分、二等奖1学分、三等奖0.5学分。

区级比赛:一等奖2分、二等奖1.5分、三等奖1分、优秀奖0.5分。

市级比赛:一等奖2.5分、二等奖2分、三等奖1.5分、优秀奖1分。

省级比赛:一等奖4分、二等奖3.5分、三等奖3分、优秀奖2.5分。

国家级比赛:一等奖6分、二等奖5分、三等奖4.5分、优秀奖4分。

(7)各项竞赛计学分与相同课程、相同技能考核不能重复计分,可按其最高标准计算学分。

(8)课程设置中各类课程学分所占比例为:必修课占应修总学分的60%左右;限选课占应修总学分的30%左右;任选课占应修总学分的10%左右。

(9)学生成绩考核不及格可补考,补考及格可得相应学分。考试作弊者,该课程学分作0分计。

(10)学生通过考核获得劳动技能鉴定中心、行业部门颁发证书的,按不同级别加分,具体如表3-19所示。

表3-19　学生证书加分细则

证书名称	证书等级	加分值	备注
全国英语等级证书	一级	2	
	二级	5	
	三级	7	

续表 3-19

证书名称	证书等级	加分值	备注
3+电子证书 3+电工证书	A	6	技能 B 级或以上
	B	5	技能 C 级或以上
	C	4	技能 D 级或以上
	D	3	技能 E 级或以上
	E	2	技能 E 级或以上
计算机辅助设计绘图员证书	中级	4	
	高级	6	
家用电子产品维修工、 无线电装接工、 电工/维修电工证	初级	2	
	中级	4	
	高级	6	
低压安装维修操作证		2	特种行业操作证
制冷设备维修工	初级	2	
	中级	4	
	高级	6	
全国计算机等级证书	一级	2	
	二级	5	
	三级	7	

(11)课外活动和各种实践活动计算学分,课外活动中的兴趣小组活动和技能竞赛训练 18 课时为 1 个学分,其他 23 课时为 1 个学分。

(12)扣分:每迟到 2 节计旷课 1 节,每旷课 10 节扣一个学分。

2)关于休学、复学与退学的规定

(1)休学、复学与退学按《广东省中等职业学校学生学籍管理》(粤教职[2002]50 号文件)执行;

(2)办理学生休学、退学手续和开除学生学籍的工作程序和要求:

办理休学手续的工作程序和要求:

①提出申请。申请人(学生)向班主任提出,并填写休学申请表(可向教务处索取),家长签署意见。因病休学的提交区级以上医院诊断证明,因参加社会创业、就业实践活动休学的,提交开业证明(营业执照)或用工单位录用证明和劳动安全管理承诺书。因参军而休学的,提交部队录取通知。

②初审与复核。班主任就情况是否属实进行审查,部长进行复核,符合粤教职[2002]50 号文件第二十三条精神的,签署意见。对因就业实践而申请休学的,要

到就业单位进行考察。

③经学生处呈报学校领导审批。

④教务处办理休学证明。

⑤因就业实践而被批准休学的，休学期间，参照毕业实习管理办法，对学生进行实习管理。

办理退学手续的工作程序和要求：

按学生意愿划分，退学有自愿要求退学和令其退学两类。

办理自愿要求退学手续的工作程序和要求是：

①提出申请。申请人（学生）向班主任提出，并填写自愿退学申请表（可向教务处索取），家长签署意见。

②初审与复核。班主任就情况是否属实进行审查，德育部长进行复核（审查中要弄清学生退学原因，以帮助学生坚持完成学业为目标，进行教育引导），并签署意见。

③经学生处呈报学校领导审批。

④教务处办理退学证明和肄业证书。

学校对学生作令其退学处理的工作程序和要求是：

①资料积累。对因违反学籍管理规定，符合粤教职[2002]50号文件第二十七条规定的条件，学校可令其退学的学生，班主任要积累相关的原始资料，提供证明材料。

②告知提醒。当学生即将达到可令其退学条件时，班主任要对其进行教育、提醒，并签发学业警告通知书，送达学生家长，收回回执。

③提出和复核。班主任填写退学审批表，德育部长进行复核，并签署意见。

④退学审批表和原始佐证材料，经学生处呈报学校领导审核。

⑤校长办公（扩大）会议讨论决定，并由教务处负责上报区教育局有关部门备案。

⑥通知家长。退学通知书由校长授权教务处签发，班主任负责送达家长，并收回回执。

⑦领取退学证明和肄业证书。被学校责令退学的学生，可在规定时限内，到教务处领取退学证明和肄业证书；不来办理者，不发给退学证明和肄业证书。

3）开除学生学籍的工作程序和要求

(1)资料积累。对犯有严重错误，符合粤教职[2002]50号文件第三十四条规定的条件，可给予开除学籍处分的学生，班主任要积累相关的原始资料，提供证明材料。

(2)告知提醒。当学生出现犯错误苗头和先兆时，班主任要对其进行教育、提醒；学生被开除学籍前受到纪律处分的，要告知家长，处分通知书由班主任负责送达，并收回回执。

(3)班主任填写处分学生审批表，德育部长进行复核，并签署意见。

(4)处分学生审批表和原始佐证材料，经学生处呈报学校领导审核。

(5)校长办公(扩大)会议讨论决定，并由教务处负责上报区教育局有关部门备案。

(6)处理结论告知学生本人。如学生提出申诉，校长授权办公室进行复核。

(7)通知家长。处分通知书由校长授权学生处签发，班主任负责送达家长，并收回回执。

(8)开除学籍的学生，不发给学历证明。

十、继续专业学习深造建议

本专业可通过专升本的形式接受本科专业学习，专升本是面向专科生，提升其专业基础和技术能力及综合素质，实现可持续发展的一个重要途径，通过社会培训提升专业技能。

3.2.2　离网光伏发电系统设计与施工课程标准

中高职衔接光伏工程技术专业
离网光伏发电系统设计与施工课程标准

适用对象：中高职贯通五年制、高职三年制

适用专业：光伏工程技术专业

课程类别：岗位主干领域课程

修课方式：必修

教学时数：64

总学分：4（按四舍五入的原则，每16课时为1学分计算）

合作企业：顺德中山大学太阳能研究院

一、课程的性质和任务

(一)课程定位

离网光伏发电系统设计与施工是光伏工程技术专业光伏发电领域的一门专业核心课程。目标是让学生具备构成独立光伏系统的四个主要部件的性能选型及测试的能力，可独立完成独立光伏系统整体设计的能力，及完成独立光伏系统的功能测试和运行性能评估的能力。

该课程是依据“光伏工程技术专业工作任务与职业能力分析表”中的光伏系统的设计与施工工作项目设置的。其总体设计思路是，打破以知识传授为主要特征的传统学科课程模式，转变为以工作任务为中心组织课程内容，并让学生在完成具体项目的过程中完成相应工作任务，并构建相关理论知识体系，发展职业能力。课程内容突出对学生职业能力的训练，理论知识的选取紧紧围绕工作任务完成的需要来进行，同时又充分考虑了高等职业教育对理论知识学习的需要，并融合了部分有关联的职业资格证书对知识、技能和态度的要求。项目设计以目前市场及未来几年的动向预测为线索来进行。

（二）学习领域目标

通过学习离网光伏发电系统设计与施工，使学生掌握以下专业能力、方法能力、社会能力等目标。

1.专业能力目标

(1)能熟练完成离网光伏系统四个主要部件的测试；

(2)能根据用户需求快速完成离网光伏系统的主体设计；

(3)掌握离网光伏系统的组成及基本构造；

(4)可熟练完成离网光伏系统的功能测试；

(5)能在一定程度上对离网光伏系统的可靠性及寿命做出评估；

(6)对离网光伏系统四大部件的基本甄别、采购能力；

(7)有一定的离网光伏系统产品市场与销售能力。

2.方法能力目标

(1)实验数据的图表化处理及描述能力；

(2)离网光伏市场的资料搜索过滤与整理的能力；

(3)离网光伏系统的主要技术路线分析评估的能力；

(4)离网光伏系统开发过程的技术信息管理能力；

(5)离网光伏系统的用户体验与产品价值的评估能力。

3.社会能力目标

(1)培养认真负责的工作态度和严谨细致的工作作风；

(2)激发学生学习兴趣，巩固专业思想，培养学生手、脑并用的良好学习习惯；

(3)具备自主学习，适应职业变化的能力；

(4)具有一定的创造能力和审美能力；

(5)增强学生的自信心，并逐渐具有竞争意识；

(6)具有较强的团队合作与交流沟通的能力；

(7)具有安全生产意识；

(8)具有7S管理意识。

（三）前导课程

光伏组件设计与生产工艺、光伏电力电子技术及应用、单片机应用技术。

（四）后续课程

并网光伏系统设计与施工、光伏应用产品设计与实践、光伏电站运行与维护。

二、课程内容标准

(一)工作任务划分及学时分配(表 3-20)

表 3-20　工作任务划分及学时分配表

序号	学习任务(单元、模块)	职业能力	知识、技能、态度要求	教学活动设计	学时	课外拓展项目
1	一种光伏施工人员用太阳能充电器	1. 市场调研能力; 2. 光伏应用产品设计能力; 3. 光伏应用产品测试能力; 4. 光伏应用产品装配能力; 5. 光伏发电技术应用能力	1. 基本掌握太阳电池应用理论、光伏组件设计方法、离网系统设计基本知识,可完成模块图的搭建; 2. 初步了解市场物料分类规则,可以完成 BOM 表制作; 3. 初步懂得相关装配基础知识,可以完成产品样机的制作; 4. 初步掌握依据设计需求提供样机测试的方法; 5. 能够初步分析产品创意的技术可行性; 6. 能初步完成模块图实施可行性分析及筛选; 7. 能够依据具体情况完成一定的清单采购的市场调整; 8. 基本能够依据测试需求独立完成样机的测试; 9. 能够尝试模拟对象用户做初步的用户体验评估	教学活动: 1. 根据客户需求设计方案; 2. 确认设计方案; 3. 初步测试; 4. 用户体验测试及评估; 5. 报告分享与答辩。 教学内容: 1. 电站人员专用充电器系统模块图; 2. BOM 表及采购、原型机制作; 3. 产品样机制作报告; 4. 完成报告的补充部分; 5. 继续完善及进一步测试; 6. 庭院灯模块图	12	1. 光伏排气扇设计; 2. 太阳能路灯设计

续表 3-20

序号	学习任务（单元、模块）	职业能力	知识、技能、态度要求	教学活动设计	学时	课外拓展项目
2	太阳能庭院灯的系统设计与运行测试	1. 离网光伏发电系统设计能力； 2. 离网光伏发电系统安装、调试能力； 3. 离网光伏发电系统性能测试能力； 4. 撰写报告的能力	1. 掌握太阳电池应用理论、光伏组件设计方法、离网系统设计知识，及电子、机械等相关领域的基础，完成模块图的搭建； 2. 进一步了解市场物料分类规则，可以熟练完成 BOM 表制作； 3. 懂得相关装配基础知识，可以完成产品样机的制作； 4. 掌握依据设计需求提供样机测试的方法及制作测试表格； 5. 能够分析产品创意的技术可行性； 6. 能完成模块图实施可行性分析及筛选； 7. 能够依据具体情况完成清单采购的市场调整； 8. 能够依据测试需求独立完成样机的测试； 9. 能够模拟对象用户做初步的用户体验评估	教学活动： 1. 小组讨论确定模块图及系统组成接线图； 2. 系统参数设计； 3. 系统完成、通电试机、基本状态测试； 4. 功能测试； 5. 第二版本系统功能测试； 6. 报告分享与答辩。 教学内容： 1. 系统设计参数的完善； 2. 模拟的功能测试方案； 3. 第一样机的制作报告； 4. 第二版本系统参数优化设计； 5. 完成报告的补充部分； 6. 报告修订	14	1. 光伏提水系统的设计； 2. 海岛光伏发电系统的设计

续表 3-20

序号	学习任务（单元、模块）	职业能力	知识、技能、态度要求	教学活动设计	学时	课外拓展项目
3	家庭分布式并网光伏发电系统的设计与施工	1. 光伏政策收集和解读的能力； 2. 项目申请的能力； 3. 系统规划的能力； 4. 家庭分布式并网光伏发电系统的阵列设计的能力；	1. 了解国家分布式光伏发电并网政策的主要内容； 2. 掌握分布式光伏发电项目的申请流程； 3. 掌握户用并网光伏发电系统结构以及工作原理； 4. 掌握家庭分布式光伏并网发电系统的容量设计方法； 5. 掌握太阳能资源的评估方法； 6. 掌握 BAPV 安装方式设计方法； 7. 掌握支架系统的设计方法； 8. 掌握光伏组件阵列布置的方法； 9. 掌握并网方式的设计方法； 10. 掌握并网控制与保护系统设计方法； 11. 掌握防雷系统的设计方法； 12. 掌握接地设计方法； 13. 掌握光伏组件的技术参数与选型；	教学活动： 1. 讲解光伏政策内容； 2. 讲解光伏发电项目申请流程； 3. 分析光伏发电系统结构的特点； 4. 讨论家庭分布式并网光伏发电系统的阵列设计、电气设计、安全设计等； 5. 分析讨论家庭分布式并网光伏发电系统的设备选型； 6. 分析讨论家庭分布式并网光伏发电系统的安装与调试； 7. 分析讨论家庭分布式并网光伏发电系统的运行维护； 教学内容： 1. 国家分布式光伏发电并网政策的分析； 2. 分布式光伏发电项目的申请； 3. 户用并网光伏发电系统结构分析； 4. 太阳能资源的评估； 5. 发电功率的估算； 6. BAPV 安装方式设计；	24	东逸湾 5.85kWp 别墅光伏发电项目

续表 3-20

序号	学习任务（单元、模块）	职业能力	知识、技能、态度要求	教学活动设计	学时	课外拓展项目
3	家庭分布式并网光伏发电系统的设计与施工	5. 家庭分布式并网光伏发电系统的电气设计的能力； 6. 家庭分布式并网光伏发电系统的安全设计的能力； 7. 家庭分布式光伏并网发电系统设备选型的能力； 8. 家庭分布式并网光伏发电系统的安装与调试的能力； 9. 家庭分布式光伏并网发电系统的运行维护的能力	14. 掌握光伏并网逆变器的技术参数和选型； 15. 掌握线缆的技术参数和选型； 16. 掌握家庭分布式光伏并网发电系统的安装与调试方法； 17. 了解光伏并网的技术要求； 18. 掌握光伏系统常见故障的检修方法	7. 支架系统的设计； 8. 光伏阵列的布置； 9. 并网方式的设计； 10. 并网控制与保护系统设计； 11. 防雷系统的设计； 12. 接地设计； 13. 光伏组件的选型； 14. 并网逆变器的选型； 15. 防雷器的选型； 16. 光伏线缆的选型； 17. 电能计量仪表的选型； 18. 光伏组件的安装； 19. 并网逆变器的安装与调试； 20. 光伏系统接线安装； 21. 电能计量仪表的安装； 22. 防雷装置的安装； 23. 光伏并网的技术要求； 24. 光伏系统组件的维护； 25. 系统常见故障检修	24	东逸湾 5.85kWp 别墅光伏发电项目

续表 3-20

序号	学习任务（单元、模块）	职业能力	知识、技能、态度要求	教学活动设计	学时	课外拓展项目
4	离网光伏系统设计（企业教师专题）	1. 能够对用户系统的负荷进行分析； 2. 能够对离网光伏系统的电气、结构及用户操作进行相关设计； 3. 能够利用基本的电学测量仪表进行系统的运行测试并进行用户评价	1. 掌握太阳资源评估手段； 2. 掌握对系统进行电气设计和用户操作设计的方法； 3. 掌握系统构建组成与安装步骤； 4. 能够撰写实验及测试报告； 5. 理解基于用户的体验评价； 6. 能够撰写系统使用说明书及快速指南	教学活动： 1. 用户系统的负荷仿真计算与分析； 2. 离网光伏系统的电气、结构及用户操作模拟及评估； 3. 系统真实运行测试及用户评价； 4. 撰写实验测试报告并提炼形成 PPT 教学内容： 1. 用户所在地太阳资源评估； 2. 用户的系统负荷分析； 3. 系统的电气设计； 4. 系统的结构设计； 5. 系统的用户操作设计； 6. 系统组成与安装； 7. 基于用户的体验评价； 8. 离网光伏系统使用说明书； 9. 实验及测试报告的形成； 10. 系统用户快速指南	14	上海宝山锦秋路 5kWp 光伏发电项目
合计					64	

（二）工作任务描述（表 3-21）

根据离网光伏系统设计与施工课程目标和涵盖的工作任务要求，确定课程内容和要求，说明学生应获得的知识、技能与态度。

表 3-21　工作任务描述

序号	工作任务	知识要求	技能要求
1	一种光伏施工人员用太阳能充电器	1. 基本掌握太阳电池应用理论、光伏组件设计方法、离网系统设计基本知识，可完成模块图的搭建； 2. 初步了解市场物料分类规则，可以完成 BOM 表制作； 3. 初步懂得相关装配基础知识，可以完成产品样机的制作； 4. 初步掌握依据设计需求提供样机测试的方法； 5. 能够初步分析产品创意的技术可行性； 6. 能初步完成模块图实施可行性分析及筛选； 7. 能够依据具体情况完成一定的清单采购的市场调整； 8. 基本能够依据测试需求独立完成样机的测试； 9. 能够尝试模拟对象用户做初步的用户体验评估	能根据教师的指导设计一种简易的光伏施工人员用太阳能充电器
2	太阳能庭院灯系统的设计与运行测试	1. 掌握太阳电池应用理论、光伏组件设计方法、离网系统设计知识，及电子、机械等相关领域的基础，完成模块图的搭建； 2. 进一步了解市场物料分类规则，可以熟练完成 BOM 表制作； 3. 懂得相关装配基础知识，可以完成产品样机的制作； 4. 掌握依据设计需求提供样机测试的方法及制作测试表格； 5. 能够分析产品创意的技术可行性； 6. 能完成模块图实施可行性分析及筛选； 7. 能够依据具体情况完成清单采购的市场调整； 8. 能够依据测试需求独立完成样机的测试； 9. 能够模拟对象用户做初步的用户体验评估	能根据教师的指导设计并制作太阳能庭院灯
3	家庭分布式并网光伏发电系统的设计与施工	1. 了解国家分布式光伏发电并网政策的主要内容； 2. 掌握分布式光伏发电项目的申请流程； 3. 掌握户用并网光伏发电系统结构以及工作原理； 4. 掌握家庭分布式光伏并网发电系统的容量设计方法； 5. 掌握太阳能资源的评估方法； 6. 掌握 BAPV 安装方式设计方法； 7. 掌握支架系统的设计方法； 8. 掌握光伏组件阵列布置的方法； 9. 掌握并网方式的设计方法； 10. 掌握并网控制与保护系统设计方法； 11. 掌握防雷系统的设计方法； 12. 掌握接地设计方法； 13. 掌握光伏组件的技术参数与选型； 14. 掌握光伏并网逆变器的技术参数和选型； 15. 掌握线缆的技术参数和选型； 16. 掌握家庭分布式光伏并网发电系统的安装与调试方法； 17. 了解光伏并网的技术要求； 18. 掌握光伏系统常见故障的检修方法	能设计家庭离网型光伏电站项目

续表 3-21

序号	工作任务	知识要求	技能要求
4	离网光伏系统设计（企业教师专题）	1.掌握太阳资源评估手段； 2.掌握对系统进行电气设计和用户操作设计方法； 3.掌握系统构建组成与安装步骤； 4.能够撰写实验及测试报告； 5.理解基于用户的体验评价； 6.能够撰写系统使用说明书及快速指南	能根据企业教师的要求设计制作典型的离网型光伏系统
5	组件测试	太阳电池组件测试仪相关的原理及使用方法	熟练操作太阳电池组件测试仪，并会对结果进行分析

三、课程实施建议

（一）教材选用与编写

1.教材选用要以培养实践能力、创新能力和创业能力为指导思想，贯彻高职高专培养目标，强调理论与实践的结合、教材与实际的结合、操作与管理的结合，选用理论与实践一体化教材。

2.以本课程标准为依据自编教材。

3.教材要充分体现项目课程设计思想，以项目为载体实施教学，让学生在完成项目的过程中逐步提高职业能力。

（二）教学建议

1.在教学过程中，应立足于加强学生实际动手能力的培养，采用项目教学，以工作任务引领，提高学生学习兴趣，提升学习效果。

2.本课程教学采用理论与实践相结合的教学方法，在完成相关实验或典型项目课题的过程中学习有关的技术知识，重点在于实践的强化学习。

3.在教学过程中，立足于加强学生实际操作能力的培养，通过项目训练提高学生学习兴趣，激发学生的成就感，每个项目的实施可采用小组合作学习的方法，强化学生的团队协作精神。

4.在教学过程中，建议采用线上线下混合教学。建议主持院校相应专业教师使用资源库进行专业教学的学时数占专业课总学时的比例达60%以上，参与建设院校该比例达40%以上。应运用多媒体、投影等教学资源辅助教学，帮助学生理解相关操作的工作过程。借助于大数据、物联网、移动互联等技术手段，从课堂教学、实训教学、课本学习以及课余学习四个主要职教教学场景中提高资源库的应用效力。激活师生用户有效互动、即时反馈通道，使资源库“活”起来，实现“能学”“辅教”。

5.在教学过程中，要重视本专业领域的发展趋势，贴近行业发展现状，积极引导学生学习最新技术。为学生提供职业生涯发展的空间，努力培养学生参与社会实践的创新精神和职业能力。

6.培养学生的“工匠精神”，将本专业学生必须具有的职业素养整合到专业课程教学目标、教学内容和考核办法之中，这样才能使学生真正具备“敬业爱岗、遵章守纪、乐于奉献，具有诚信意识与服务意识、良好的团队合作精神”的职业素养，要将工匠精神的养成计划与专业课程教学紧密结合，在教学中逐步给学生渗透工匠精神的内涵。

（三）教学基本条件

1.担任本课程的专任教师须具备的条件

（1）师德、学历和教学水平符合“学校教师任职资格”要求；

（2）担任本课程教学辅导老师或实验实训辅导老师一年以上；

（3）具有光伏、电子企业工作经历，熟悉离网光伏系统的设计与组装调试；

（4）具有信息化教学能力；

（5）具有与本课程相关的知识、技术技能和创新能力。

2.教学环境须具备的条件

（1）光伏系统设计实训室：配备的主要实训装备为：小型光伏组件生产线或配套生产设备，太阳电池分选机、光伏组件 *I-V* 测试仪、光伏组件 EL 测试仪，多种储能装置及基本的电学测量仪表等，能同时容纳 5 个小组进行实训。

（2）爱康光伏应用产品研发中心：配备计算机、电子 CAD 软件、PCB 数字雕刻机、常用电子仪器，能同时容纳 5 个小组进行产品开发。

（3）爱康光伏电站教学部：组织学生到校外实习基地，参观实际产品，由产品开发工程师讲解设计开发步骤与要求，与工程师互动讨论，优化设计方案。

四、教学评价

（1）过程性评价

校内专任教师与企业兼职教师共同评价，学生组成小组完成项目任务后，进行自评和互评。8 大工作任务从基础开始逐个完成进阶的评价，在此过程中使学生逐步累积技能并提高学习动力。

（2）终结性评价

过程性评价 30%＋期末考试 70%＝100%

缺课 1/3 以上或作业缺交 1/3 以上，取消期末考试资格。

获省级及以上电子竞赛奖励可申请免考，一等奖 100 分，二等奖 90 分，三等奖 80 分。

五、教材及参考资料

（1）教辅材料

依据本课程标准选用。需充分体现项目课程设计思想，以项目为载体实施教学，项目选取要科学，符合该门课程的工作逻辑，能形成系列，让学生在完成项目的过程中逐步提高职业能力，同时考虑实训项目的可操作性。教材内容要反映新技术、新工艺。

(2)教材选用与编写

建议的教材包括但不限定于《离网光伏系统设计与测试》(自编)。

(3)课程资源的开发与利用

充分发挥新能源类专业教学资源库"能学、辅教"的作用,开发与利用教辅材料、实训指导手册、工学结合案例、网络资源、仿真软件等,在资源库中创建课程,组织学生自主访问资源库学习,提交作业,在资源库中组织测验和考试。

(4)工学结合

根据离网光伏系统设计与施工课程的特点,与相关光伏企业联系沟通,合理地安排学生到尽可能专业对口的岗位上参加工学结合下厂实习。为学生提供了包括专业技能和综合能力两方面能力培养的实践环境,使学生在真实的环境下进行岗位实践,培养学生解决生产实际和工程项目中实际问题的能力及管理能力,取得实际工作经验,培养团队协作精神,群体沟通技巧,组织管理能力和领导艺术才能等个人综合素质,为学生今后从事各项工作打下基础。

学校也安排教师到企业学习,使教师的实践教学能力得以提升,教师可以根据在工厂里面的学习经历与企业开发"厂中校"课程资源,更好地为学生和企业服务。

(5)网络资源

网络资源可参考离网光伏系统设计与施工校级精品课程资源。网络资源可以作为学生从事离网光伏系统设计与施工课程学习活动的辅助性工具。老师可以引导学生积极有效地将网络资源用于学习活动之中。例如,借助网络资源查阅离网光伏系统及产品的知识及生产方法、注意事项等。

(6)仿真软件

使用有效的仿真软件设计离网光伏发电系统,使学生加深对相关教学内容的理解,掌握离网光伏发电系统设计的方法等。

3.2.3 并网光伏发电系统设计与施工课程标准

中高职衔接光伏工程技术专业
并网光伏发电系统设计与施工课程标准

适用对象:中高职贯通五年制、高职三年制

适用专业:光伏工程技术专业

课程类别:岗位主干领域课程

修课方式:必修

教学时数:96

总学分:5(按四舍五入的原则,每16课时为1学分计算)

合作企业:中光能投资有限公司

一、课程的性质和任务

(一)课程定位

并网光伏系统设计与施工是光伏工程技术专业的专业核心课程。通过该课程的学习,学生将具备并网光伏系统设计、施工、安装调试、检测、运行维护等核心职业能力,以胜任未来的光伏企业中光伏系统集成设计、施工、运行维护等工作岗位。

该课程是依据“光伏工程技术专业工作任务与职业能力分析表”中的光伏系统的设计与施工工作项目设置的。其总体设计思路是,打破以知识传授为主要特征的传统学科课程模式,转变为以工作任务为中心组织课程内容,并让学生在完成具体项目的过程中学会完成相应工作任务,并构建相关理论知识,发展职业能力。项目设计以并网光伏系统的规划、设计、实现、运行维护为线索来进行。教学过程中,要通过校企合作,校内实训基地建设等多种途径,采取工学结合等形式,充分开发学习资源,给学生提供丰富的实践机会。教学效果评价采取过程评价与结果评价相结合的方式,通过理论与实践相结合,重点评价学生的职业能力。

(二)学习领域目标

通过学习并网光伏系统设计与施工,掌握以下专业能力、方法能力、社会能力等目标。

1.专业能力目标

(1)能够收集和解读国家分布式光伏发电并网政策;

(2)能够申请分布式光伏发电项目;

(3)能够开展光伏组件的技术参数与选型;

(4)能够开展光伏并网逆变器的技术参数和选型;

(5)能够开展光伏电站汇流箱的技术参数和选型;

(6)能够开展光伏线缆的技术参数和选型;

(7)能够开展并网光伏发电系统检测与调试;

(8)能够进行并网光伏发电系统运行数据分析;

(9)能够进行并网光伏发电系统维护;

(10)能够分析光伏电站常见故障以及产生原因;

(11)能够开展光伏电站的故障检修。

2.方法能力目标

(1)具有一定的独立分析、设计、实施、评估的能力;

(2)具有获取、分析、归纳、交流知识和新技术的能力;

(3)具有自学能力、理解能力与表达能力;

(4)具有将知识与技术综合运用的能力;

(5)具有团队协作的能力。

3.社会能力目标

(1)具有责任意识、创新意识、质量意识、成本意识;

(2)能通过分组完成项目制作任务，培养学生团队协作精神，获取资讯和归纳总结、方案表达的能力、沟通与合作能力；

(3)通过撰写项目设计报告提高学生的写作表达能力，有利于创新意识及创新能力的培养；

(4)具备英语阅读、翻译和写作能力。

(三)前导课程

光伏组件生产技术、光伏电力电子技术及应用、离网光伏系统设计与施工。

(四)后续课程

光伏电站运维与管理、毕业设计、顶岗实习。

二、课程内容标准

(一)工作任务划分及学时分配(表3-22)

表3-22　工作任务划分及学时分配表

序号	学习任务(单元、模块)	职业能力	知识、技能、态度要求	教学活动设计	学时	课外拓展项目
1	单相民用并网光伏发电系统的设计与施工	1. 光伏政策收集和解读的能力； 2. 项目申请的能力； 3. 系统规划的能力； 4. 单相民用并网光伏发电系统的阵列设计的能力；	1. 了解国家分布式光伏发电并网政策的主要内容； 2. 掌握分布式光伏发电项目的申请流程； 3. 掌握户用并网光伏发电系统结构以及工作原理； 4. 掌握单相民用光伏并网发电系统的容量设计方法； 5. 掌握太阳能资源的评估方法； 6. 掌握BAPV安装方式设计方法； 7. 掌握支架系统的设计方法； 8. 掌握光伏组件阵列布置的方法；	教学活动： 1. 讲解光伏政策内容； 2. 讲解光伏发电项目申请流程； 3. 分析光伏发电系统结构的特点； 4. 讨论单相民用并网光伏发电系统的阵列设计、电气设计、安全设计等； 5. 分析讨论单相民用并网光伏发电系统的设备选型； 6. 分析讨论单相民用并网光伏发电系统的安装与调试； 7. 分析讨论单相民用并网光伏发电系统的运行维护	28	顺德第一人民医院光伏电站项目

续表 3-22

序号	学习任务（单元、模块）	职业能力	知识、技能、态度要求	教学活动设计	学时	课外拓展项目
1	单相民用并网光伏发电系统的设计与施工	5. 单相民用并网光伏发电系统的电气设计的能力； 6. 单相民用并网光伏发电系统的安全设计的能力； 7. 单相民用光伏并网发电系统设备选型的能力； 8. 单相民用并网光伏发电系统的安装与调试的能力；	9. 掌握并网方式的设计方法； 10. 掌握并网控制与保护系统设计方法； 11. 掌握防雷系统的设计方法； 12. 掌握接地设计方法； 13. 掌握光伏组件的技术参数与选型； 14. 掌握光伏并网逆变器的技术参数和选型； 15. 掌握线缆的技术参数和选型； 16. 掌握单相民用光伏并网发电系统的安装与调试方法； 17. 了解、光伏并网的技术要求；	教学内容： 1. 国家分布式光伏发电并网政策的分析； 2. 分布式光伏发电项目的申请； 3. 户用并网光伏发电系统结构分析； 4. 太阳能资源的评估； 5. 发电功率的估算； 6. BAPV 安装方式设计； 7. 支架系统的设计； 8. 光伏阵列的布置； 9. 并网方式的设计； 10. 并网控制与保护系统设计； 11. 防雷系统的设计； 12. 接地设计； 13. 光伏组件的选型； 14. 并网逆变器的选型； 15. 防雷器的选型； 16. 光伏线缆的选型； 17. 电能计量仪表的选型； 18. 光伏组件的安装； 19. 并网逆变器的安装与调试；	28	顺德第一人民医院光伏电站项目

续表 3-22

序号	学习任务（单元、模块）	职业能力	知识、技能、态度要求	教学活动设计	学时	课外拓展项目
1	单相民用并网光伏发电系统的设计与施工	9. 单相民用光伏并网发电系统的运行维护的能力	18. 掌握光伏系统常见故障的检修方法	20. 光伏系统接线安装； 21. 电能计量仪表的安装； 22. 防雷装置的安装； 23. 光伏并网的技术要求； 24. 光伏系统组件的维护； 25. 系统常见故障检修	28	顺德第一人民医院光伏电站项目
2	BIPV 并网光伏发电系统的设计与施工	1. BIPV 并网光伏发电系统规划的能力； 2. BIPV 美学设计的能力； 3. BIPV 结构设计的能力； 4. BIPV 电气设计的能力；	1. 了解 BIPV 的技术要求； 2. 掌握 BIPV 发电功率的估算方法； 3. 掌握 BIPV 效益的分析方法； 4. 掌握 BIPV 的设计原则； 5. 掌握 BIPV 的美学设计方法； 6. 掌握 BIPV 的结构设计方法； 7. 掌握 BIPV 的电气设计方法；	教学活动： 分析讨论BIPV系统的规划、设计、施工和运行维护。 教学内容： 1. BIPV 的技术要求； 2. BIPV 发电功率的估算； 3. BIPV 的效益； 4. 光伏与建筑的融合； 5. 光伏发电量与建筑美学的平衡； 6. BIPV 建筑设计； 7. BIPV 结构安全设计； 8. 光伏组件和建筑结合方式； 9. BIPV 发电系统设计； 10. BIPV 微逆变技术； 11. 光伏组件的安装；	22	光伏幕墙设计项目

续表 3-22

序号	学习任务（单元、模块）	职业能力	知识、技能、态度要求	教学活动设计	学时	课外拓展项目
2	BIPV并网光伏发电系统的设计与施工	5. BIPV施工的能力； 6. BIPV的检测与调试的能力； 7. BIPV的运行维护的能力	8. 掌握BIPV的施工技术； 9. 掌握BIPV的检测与调试技术； 10. 掌握BIPV运行数据分析方法； 11. 掌握BIPV系统维护技术	12. 光伏并网逆变器的安装与调试； 13. 光伏系统接线安装； 14. 安全检测； 15. 电气检测； 16. 电能质量测试； 17. 电网保护功能测试； 18. BIPV运行数据分析； 19. BIPV系统维护	22	光伏幕墙设计项目
3	佛山职业技术学院56kW楼顶光伏电站的设计与施工	1. 并网光伏发电与照明系统设计的能力； 2. 楼顶光伏电站阵列系统设计的能力； 3. 楼顶光伏电站电气系统设计的能力； 4. 楼顶光伏电站安全系统设计的能力； 5. 楼顶光伏电站设备选型的能力； 6. 光伏电站施工准备的能力； 7. 光伏电站施工设计的能力； 8. 土建基础工程施工的能力； 9. 搭建光伏支架的能力；	1. 了解光伏照明系统的架构； 2. 掌握光伏组件串并联对光伏阵列电性能的影响； 3. 掌握并网逆变方式的设计方法； 4. 掌握监控系统设计方法； 5. 掌握光伏电站设备技术参数和选型； 6. 掌握光伏电站施工准备内容； 7. 掌握光伏电站施工设计方法； 8. 掌握土建基础工程施工方法； 9. 掌握搭建光伏支架的方法；	教学活动： 分析讨论佛山职业技术学院56kW楼顶光伏电站的规划、设计、施工和运行维护。 教学内容： 1. 光伏照明系统； 2. 光伏组件串联电压匹配； 3. 光伏组件并联电流匹配； 4. 并网逆变方式设计； 5. 监控系统设计； 6. 光伏组件的选型； 7. 并网逆变器的选型； 8. 汇流箱的选型； 9. 电缆的选型； 10. 光伏电站施工准备；	30	1. 水泥平屋顶光伏电站设计与施工；

续表 3-22

序号	学习任务（单元、模块）	职业能力	知识、技能、态度要求	教学活动设计	学时	课外拓展项目
3	佛山职业技术学院56kW楼顶光伏电站的设计与施工	10. 光伏电站电气设备的安装调试的能力； 11. 光伏电站运行维护的能力	10. 掌握光伏电站电气设备的安装调试方法； 11. 掌握光伏电站运行数据采集和分析方法	11. 光伏电站施工图设计； 12. 施工建设方案编制依据； 13. 并网光伏电站建设组织实施流程； 14. 土建施工图纸的绘制； 15. 光伏基座的铸造和安装； 16. 搭建光伏支架； 17. 光伏方阵的安装； 18. 布线工程； 19. 防雷和接地施工； 20. 电气设备施工安装； 21. 光伏电站运行数据采集和分析	30	2. 工业屋顶光伏电站设计与施工
4	8MW大型并网光伏电站案例分析（企业教师专题）	1. 金太阳示范工程信息收集的能力； 2. 国家电站建设标准收集和分析的能力； 3. 可行性研究报告和项目申请报告撰写的能力； 4. MW级大型并网光伏电站阵列系统的设计的能力；	1. 了解国家关于金太阳示范工程的政策内容； 2. 掌握光伏电站建设标准内容； 3. 掌握可行性研究报告和项目申请报告的编制方法； 4. 掌握现场勘测和阴影分析的方法； 5. 掌握光伏电站站区的布置方法； 6. 掌握主接线系统设计方法；	教学活动： 8MW大型并网光伏电站案例分析。 教学内容： 1. 项目基本建设程序； 2. 光伏电站建设标准分析； 3. 可行性研究报告和项目申请报告的编制； 4. 现场勘测与阴影分析； 5. 光伏电站站区的布置； 6. 主接线系统设计；	16	1. 澳美铝业8.76MW光伏电站项目；

续表 3-22

序号	学习任务（单元、模块）	职业能力	知识、技能、态度要求	教学活动设计	学时	课外拓展项目
4	8MW 大型并网光伏电站案例分析（企业教师专题）	5. MW 级大型并网光伏电站电气系统的设计的能力； 6. MW 级大型并网光伏电站安全系统的设计的能力； 7. MW 级大型并网光伏电站设备选型的能力； 8. 光伏电站施工准备的能力；	7. 掌握无功补偿系统设计方法； 8. 了解中性点运行方式； 9. 掌握大型光伏电站消防系统设计方法； 10. 了解光伏电站站区安全防护设施； 11. 掌握大型光伏电站防雷设计方法； 12. 掌握大型光伏电站并网逆变器的技术参数和选型； 13. 掌握大型光伏电站汇流箱的技术参数和选型； 14. 掌握 SVG 无功补偿装置的技术参数和选型； 15. 掌握升变压器的技术参数和选型； 16. 了解光伏电站建设的基本要求； 17. 了解光伏电站建设施工准备内容； 18. 掌握光伏电站施工设计方法； 19. 掌握土建基础工程施工方法；	7. 无功补偿系统设计； 8. 中性点运行方式； 9. 消防系统设计； 10. 站区安全防护设施； 11. 光伏电站防雷设计； 12. 光伏并网逆变器选型； 13. 汇流箱选型； 14. SVG 无功补偿装置选型； 15. 升变压器选型； 16. 光伏电站建设的基本要求； 17. 光伏电站建设施工准备； 18. 光伏电站建设施工区域划分； 19. 光伏电站施工总布置； 20. 光伏电站施工总进度设计； 21. 施工方案和特殊施工措施设计； 22. 土建施工图纸的绘制； 23. 光伏基座的铸造和安装； 24. 搭建光伏支架； 25. 光伏组件的测试与安装；	16	2. 从化明珠工业园分布式光伏发电示范区丰力橡胶轮胎光伏发电项目；

续表 3-22

序号	学习任务（单元、模块）	职业能力	知识、技能、态度要求	教学活动设计	学时	课外拓展项目
4	8MW 大型并网光伏电站案例分析（企业教师专题）	9. 光伏电站施工设计的能力； 10. 土建基础工程施工的能力； 11. 搭建光伏支架的能力； 12. 光伏电站电气设备安装调试的能力； 13. 光伏电站验收的能力； 14. 光伏电站运行的能力； 15. 光伏电站维护的能力； 16. 光伏电站故障检修的能力	20. 掌握搭建光伏支架的方法； 21. 掌握光伏电站电气设备的安装调试技术； 22. 了解光伏电站验收标准； 23. 掌握光伏电站验收流程； 24. 掌握光伏电站运行的检测、相关操作和性能测试； 25. 掌握光伏电站的维护技术； 26. 了解光伏电站常见故障以及产生原因； 27. 掌握光伏电站的故障检修技术	26. 直流汇流箱和直流柜的安装； 27. 并网逆变器的安装和调试； 28. 交流配电柜的安装； 29. 各级变压器的安装； 30. 监控系统的安装； 31. 电缆和防雷接地装置的安装； 32. 光伏电站验收标准； 33. 光伏电站验收； 34. 光伏电站运行前检查和测试； 35. 光伏电站运行操作； 36. 光伏电站停机操作； 37. 光伏电站运行数据分析和性能测试； 38. 光伏电站的日常检查； 39. 光伏电站的维护； 40. 光伏电站常见故障； 41. 光伏电站的常见故障检修	16	3. 中广核佛山海尔创新产业园光伏发电项目
合计					96	

（二）工作任务描述（表 3-23）

根据并网光伏系统设计与施工课程目标和涵盖的工作任务要求，确定课程内容和要求，说明学生应获得的知识、技能与态度。

表 3-23　工作任务描述

序号	工作任务	知识要求	技能要求
1	单相民用并网光伏发电系统的设计与施工	1. 了解国家分布式光伏发电并网政策的主要内容； 2. 掌握户用并网光伏发电系统结构以及工作原理； 3. 掌握单相民用光伏并网发电系统的容量设计方法； 4. 掌握太阳能资源的评估方法； 5. 掌握 BAPV 安装方式设计方法； 6. 掌握支架系统的设计方法； 7. 掌握光伏组件阵列布置的方法； 8. 掌握并网方式的设计方法； 9. 掌握并网控制与保护系统设计方法； 10. 掌握防雷系统的设计方法； 11. 掌握接地设计方法； 12. 掌握光伏组件的技术参数与选型； 13. 掌握光伏并网逆变器的技术参数和选型； 14. 掌握线缆的技术参数和选型； 15. 掌握单相民用光伏并网发电系统的安装与调试方法； 16. 了解光伏并网的技术要求； 17. 掌握光伏系统常见故障的检修方法	能设计并安装单相民用并网光伏发电系统
2	BIPV 并网光伏发电系统的设计与施工；	1. 了解 BIPV 的技术要求； 2. 掌握 BIPV 发电功率的估算方法； 3. 掌握 BIPV 效益的分析方法； 4. 掌握 BIPV 的设计原则； 5. 掌握 BIPV 的美学设计方法； 6. 掌握 BIPV 的结构设计方法； 7. 掌握 BIPV 的电气设计方法； 8. 掌握 BIPV 的施工技术； 9. 掌握 BIPV 的检测与调试技术； 10. 掌握 BIPV 运行数据分析方法； 11. 掌握 BIPV 系统维护技术	能设计并安装 BIPV 光伏发电系统
3	佛山职业技术学院 56kW 楼顶光伏电站的设计与施工	1. 了解光伏照明系统的架构； 2. 掌握光伏组件串并联对光伏阵列电性能的影响； 3. 掌握并网逆变方式的设计方法； 4. 掌握监控系统设计方法； 5. 掌握光伏电站设备技术参数和选型； 6. 掌握光伏电站施工准备内容； 7. 掌握光伏电站施工设计方法； 8. 掌握土建基础工程施工方法； 9. 掌握搭建光伏支架的方法； 10. 掌握光伏电站电气设备的安装调试方法； 11. 掌握光伏电站运行数据采集和分析方法	能根据场地等要求设计并安装楼顶光伏电站

续表 3-23

序号	工作任务	知识要求	技能要求
4	8MW 大型并网光伏电站案例分析(企业教师专题)	1. 了解国家关于金太阳示范工程的政策内容； 2. 掌握光伏电站建设标准内容； 3. 掌握可行性研究报告和项目申请报告的编制方法； 4. 掌握现场勘测和阴影分析的方法； 5. 掌握光伏电站站区的布置方法； 6. 掌握主接线系统设计方法； 7. 掌握无功补偿系统设计方法； 8. 了解中性点运行方式； 9. 掌握大型光伏电站消防系统设计方法； 10. 了解光伏电站站区安全防护设施； 11. 掌握大型光伏电站防雷设计方法； 12. 掌握大型光伏电站并网逆变器的技术参数和选型； 13. 掌握大型光伏电站汇流箱的技术参数和选型； 14. 掌握 SVG 无功补偿装置的技术参数和选型； 15. 掌握升变压器的技术参数和选型； 16. 了解光伏电站建设的基本要求； 17. 了解光伏电站建设施工准备内容； 18. 掌握光伏电站施工设计方法； 19. 掌握土建基础工程施工方法； 20. 掌握搭建光伏支架的方法； 21. 掌握光伏电站电气设备的安装调试技术； 22. 了解光伏电站验收标准； 23. 掌握光伏电站验收流程； 24. 掌握光伏电站运行的检测、相关操作和性能测试； 25. 掌握光伏电站的维护技术； 26. 了解光伏电站常见故障以及产生原因； 27. 掌握光伏电站的故障检修技术	能根据客户需求设计并安装大型并网光伏电站

三、课程实施建议

(一)教材选用与编写

同 3.2.2 节离网光伏发电系统设计与施工课程标准的教材选用与编写。

(二)教学建议

同 3.2.2 节离网光伏发电系统设计与施工课程标准的教学建议。

(三)教学基本条件

1. 担任本课程的专任教师须具备的条件

(1)师德、学历和教学水平符合“学校教师任职资格”要求；

(2)担任本课程教学辅导老师或实验实训辅导老师一年以上；

(3)具有光伏系统设计与施工的工作经验；

(4)能够用清晰简洁的专业语言讲授理论知识，具有模拟电子电路、数字电子电路基本知识，太阳电池、光伏组件生产、光伏发电系统设计与施工等专业知识；

(5)具有信息化教学能力；

(6)具有与本课程相关的知识、技术技能和创新能力。

2.教学环境须具备的条件

(1)配备与课程相关的实训室，如光伏发电实训室、光伏系统设计实训室，光伏教学电站，以及可以进行多媒体演示和讨论的课室；

(2)具备互联网接入环境；

(3)能为学生提供电脑或其他智能终端设备，为“互联网＋资源库”的新型应用模式提供硬件支持。

四、教学评价

(1)过程性评价

实践考核以学生参与并网光伏发电系统设计与施工的情况(例如并网光伏发电系统规划、设计、实现和运行过程中涉及的计算、设计方案、施工方案和图纸、运行维护方案和数据记录及分析报告、光伏发电系统检测报告等)作为考查对象。

严格考核学生出勤情况，达到学生管理规定的旷课量取消考试资格。综合成绩根据平时出勤情况、作业成绩、实验实训及课程设计成绩和期末成绩评定。详见表3-24。

表3-24　平时作业、报告赋分标准

序号	名称	训练项目	完成情况	分值
1	并网光伏发电系统规划报告	分布式光伏发电项目的申请	报告完整、数据准确	25
			报告基本完整、数据基本准确	15
			报告不完整、数据不准确	10
2	并网光伏发电系统设计报告	1.光伏并网发电阵列系统的设计； 2.光伏并网发电电气系统的设计； 3.光伏并网发电安全系统的设计； 4.光伏并网发电系统设备选型	报告完整、数据准确	25
			报告基本完整、数据基本准确	15
			报告不完整、数据不准确	10
3	并网光伏发电系统施工方案	1.光伏并网发电系统的安装与调试； 2.光伏并网发电系统的检测	报告完整、数据准确	25
			报告基本完整、数据基本准确	15
			报告不完整、数据不准确	10
4	并网光伏发电系统运行维护	光伏并网发电系统的运行维护	报告完整、数据准确	25
			报告基本完整、数据基本准确	15
			报告不完整、数据不准确	10
满分分值				100

注：视具体完成情况，参照标准适当增减分。

(2)终结性评价

考核方式以理论与实践相结合、平时成绩与期末考试成绩相结合的方式进行,在对理论知识考核的同时,注重对学生实践技能的考查。

理论考核采用考试或考查试卷进行考核。

1.平时成绩(15%):考勤(5%)、学习态度(5%)、课堂提问(5%)。

2.平时作业、课程设计报告成绩(35%):按完成作业报告的完整性、结果的准确性具体给分。

3.光伏发电系统设计与施工项目(50%):光伏发电系统设计方案(20%);光伏发电系统施工方案(30%)。

五、教材及参考资料

(1)教辅材料

依据本课程标准选用。需充分体现项目课程设计思想,以项目为载体实施教学,项目选取要科学,符合该门课程的工作逻辑,能形成系列,让学生在完成项目的过程中逐步提高职业能力,同时考虑实训项目的可操作性。教材内容要反映新技术、新工艺。

(2)教材选用与编写

建议的教材包括但不限定于《并网光伏系统设计与施工》(胡昌吉等主编,机械工业出版社出版)。

(3)课程资源的开发与利用

充分发挥新能源类专业教学资源库"能学、辅教"的作用,开发与利用教辅材料、实训指导手册、工学结合案例、网络资源、仿真软件等,在资源库中创建课程,组织学生自主访问资源库学习,提交作业,在资源库中组织测验和考试。

(4)工学结合

根据并网光伏系统设计与施工课程的特点,与相关光伏企业进行沟通,合理地安排学生到尽可能专业对口的岗位上参加工学结合下厂实习。为学生提供包括专业技能和综合能力两方面能力培养的实践环境,使学生在真实的环境下进行岗位实践,培养学生解决生产实际和工程项目中实际问题的能力及管理能力,取得实际工作经验,培养团队协作精神,群体沟通技巧,组织管理能力和领导艺术才能等个人综合素质,为学生今后从事各项工作打下基础。

学校也安排教师到企业学习,使教师的实践教学能力得以提升,教师可以根据在工厂里面的学习经历与企业开发"厂中校"课程资源,更好地为学生和企业服务。

(5)网络资源

网络资源可参考并网光伏系统设计与施工省级精品课程资源。网络资源可以作为学生从事并网光伏系统设计与施工课程学习活动的辅助性工具。老师可以引导学生积极有效地将网络资源用于学习活动之中。例如,借助网络资源查阅光伏电站设计与施工的知识及生产方法、注意事项等。

(6)仿真软件

使用有效的仿真软件设计并网光伏发电系统,使学生加深对相关教学内容的理解,掌握并网光伏发电系统设计与施工的方法等。

3.2.4 光伏电站运维与管理课程标准

中高职衔接光伏工程技术专业
光伏电站运维与管理课程标准

适用对象:中高职贯通五年制、高职三年制

适用专业:光伏工程技术专业

课程类别:岗位主干领域课程

修课方式:必修

教学时数:87

总学分:5.5(按四舍五入的原则,每16课时为1学分计算)

合作企业:国家太阳能光伏产品质量监督检验中心(广东)

一、课程的性质和任务

(一)课程定位

光伏电站运维与管理是光伏工程技术专业的专业课程,以光伏发电系统设计与施工为主线,并网光伏电站的实际建设和运行过程为依托,对学生进行电站运行维护方面的综合训练,主要培养学生的实践技能和职业素养。

课程对照光伏发电国家职业技能标准和光伏发电应用的职业岗位技能要求,采用与职业岗位对应的工程项目构建主线,选取典型的光伏发电设备和工作任务,根据高职学生的特点和认知心理顺序,针对工作过程的环节来构建学习情节和设计学习单元,重新融合成以工作过程为中心的项目模块课程。

(二)学习领域目标

通过学习光伏电站运维与管理,掌握以下专业能力、方法能力、社会能力等目标。

1.专业能力目标

(1)能够编制光伏电站工程项目文件;

(2)能够记录运行维护记录和针对异常及故障处理的记录;

(3)能够看懂光伏电站的电气运行图;

(4)基本熟悉并网光伏发电系统的安装流程;

(5)可完成并网光伏发电系统的基本检测与调试;

(6)可完成并网光伏发电系统的监控与基本维护。

2.方法能力目标

(1)能通过文献检索和网络查阅相关资料，选择合适的解决方案；

(2)能综合运用所学知识与技能，在项目实施过程中能及时发现各种问题，并能对问题进行独立判断，提出合理的解决方案；

(3)能按项目任务要求制定工作任务方案；

(4)能对其他的分析与解决方案提出建设性意见；

(5)能发现并解决工作过程中出现的一般技术性问题；

(6)能收集、整理相关资料，对光伏电站提出合理的设计方案和调试方法，完成工作任务，并对所采用的方案进行综合评价。

3.社会能力目标

(1)帮助学生树立正确的人生观、人才观，培养良好的团队合作精神和竞争意识；

(2)激发专业学习兴趣，初步形成解决生产现场实际问题的能力；

(3)逐步培养学生的思维能力和学习新技术的能力，培养创新意识，提高学生的综合素质；

(4)追求实事求是、一丝不苟的工作作风，加强学生的职业道德观。

(三)前导课程

晶体硅太阳电池生产工艺、光伏组件生产技术、光伏发电系统设计与施工、光伏产品检测技术。

(四)后续课程

顶岗实习。

二、课程内容标准

(一)工作任务划分及学时分配(表 3-25)

表 3-25　工作任务划分及学时分配表

序号	学习任务(单元、模块)	职业能力	知识、技能、态度要求	教学活动设计	学时	课外拓展项目
1	家庭分布式光伏电站的运维与管理	1.光伏系统设计软件的使用能力； 2.光伏电站发电量估算的能力； 3.光伏电站全生命周期影响发电量因素分析； 4.能利用逆变器自带监控数据判断光伏电站工作状态；	1.熟练使用计算机，熟练使用光伏电站设计软件如PVsyst、PVSOL等； 2.熟悉影响光伏电站发电量的因素； 3.光伏电站发电估算方法； 4.掌握逆变器操作方法； 5.掌握光伏组件清洗方法；	教学活动： 1.光伏电站典型案例教学； 2.光伏电站设计软件基本界面讲解； 3.光伏电站设计典型案例教学； 4.家庭分布式光伏电站的运维与管理案例教学。	25	1.家庭分布式光伏电站的验收；

续表 3-25

序号	学习任务（单元、模块）	职业能力	知识、技能、态度要求	教学活动设计	学时	课外拓展项目
1	家庭分布式光伏电站的运维与管理	5. 正确清洗光伏组件； 6. 光伏电站阴影分析； 7. 光伏电缆维护； 8. 光伏逆变器运行与维护； 9. 光伏系统数据通信系统运行与维护； 10. 光伏系统的消防； 11. 光伏系统台风防护	6. 熟悉阴影对光伏电站的影响； 7. 掌握光伏电缆的维护方法； 8. 掌握逆变器的维护方法； 9. 掌握光伏系统数据通信系统运行与维护； 10. 掌握光伏系统消防措施； 11. 掌握光伏系统防台风措施	教学内容： 1. 光伏电站发电量估算理论基础； 2. 相关设计软件基本使用方法； 3. 光伏电站设计的方法； 4. 其他各类构建方法； 5. 光伏系统设计软件基本界面讲解； 6. 光伏电站设计典型案例教学； 7. 家庭分布式光伏电站的运维与管理案例	25	2. 家庭分布式光伏电站运维手册的编制
2	工业屋顶并网光伏电站的运维与管理	1. 光伏电站运行维护管理的能力； 2. 光伏电站运维常用工具的使用能力； 3. 光伏电站质量检查的能力；	1. 光伏电站现场运维工作及流程化管理； 2. 日常巡检、设备检修与维护； 3. 光伏电站运维常用工器具；	教学活动： 1. 光伏电站运维案例分享； 2. 光伏电站日常运维工作的开展。 教学内容： 1. 光伏电站现场运维工作内容； 2. 日常巡检、设备检修与维护工作内容； 3. 光伏电站运维常用工器具； 4. 光伏电站运维实例； 5. *I-V* 曲线测试仪测试原理和方法；	25	1. 佛山职业技术学院 56kWp 光伏电站的运维；

续表 3-25

序号	学习任务（单元、模块）	职业能力	知识、技能、态度要求	教学活动设计	学时	课外拓展项目
2	工业屋顶并网光伏电站的运维与管理	4. 光伏电站性能测试的能力； 5. 光伏电站性能评估的能力	4. 光伏电站全流程质量控制； 5. 光伏电站测试及性能评估	6. 灰尘遮挡测试； 7. 光伏组件衰减测试； 8. 光伏组串失配测试； 9. 杂草遮挡测试； 10. 光伏电站现场检测常用工具（电流表、万用表、绝缘表、热成像仪）使用； 11. 接地连续性测试； 12. 接地电阻测试； 13. 光伏组件、汇流箱等常见方阵故障消除	25	2. 工业屋顶并网光伏电站的运维手册的编制
3	BIPV 并网光伏电站运维与管理	1. 排查光伏电站安全隐患的能力； 2. 光伏电站安全隐患防范的能力； 3. 建材型光伏组件的运行与维护； 4. 支撑结构的维护； 5. 光伏方阵与建筑物结合部分的检修与维护； 6. 光伏控制器的检修与维护； 7. 逆变器的检修与维护； 8. 配电线路检修与维护； 9. 蓄电池的维护	1. 光伏电站安全隐患及风险因素； 2. 光伏电站常见安全隐患防范措施； 3. 并网光伏电站安全生产及危险源排查	教学活动： 1. 光伏电站常见安全隐患案例的展示； 2. 光伏电站安全防范措施的讲解。 教学内容： 1. 光伏电站安全隐患及风险因素； 2. 光伏电站常见安全隐患防范措施； 3. 并网光伏电站安全生产及危险源排查	20	1. 光伏温室的运维； 2. 光伏幕墙的运维

续表 3-25

序号	学习任务（单元、模块）	职业能力	知识、技能、态度要求	教学活动设计	学时	课外拓展项目
4	大型地面并网光伏发电系统主要设备的运行维护	1. 并网光伏发电系统中各个设备运行维护的能力； 2. 变电站二次设备、SVG设备运行维护的能力；	1. 光伏组件基本特性； 2. 光伏组件运行维护及故障处理； 3. 连接器在光伏系统中的重要性； 4. 光伏电站连接器常见问题及处理； 5. 连接器压接工具及实操演示； 6. 光伏汇流箱的构成和维护； 7. 光伏汇流箱运行维护及故障处理； 8. 逆变器分类及基本特性； 9. 逆变器的运行维护及故障处理； 10. 太阳辐射基础； 11. 太阳辐射测量仪器； 12. 太阳辐射仪维护及故障处理； 13. 变电站直流、通信、继电保护系统原理及常见故障处理；	教学活动： 1. 并网光伏发电系统各个设备的基本特性和运行维护内容的讲解； 2. 变电站二次设备、SVG设备工作原理和运行维护内容的讲解； 3. 光伏电站运行过程中数据分析、状态评估的方法的讲解。 教学内容： 1. 光伏组件基本特性； 2. 光伏组件运行维护及故障处理； 3. 连接器在光伏系统中的重要性； 4. 光伏电站连接器常见问题及处理； 5. 连接器压接工具及实操演示； 6. 光伏汇流箱的构成和维护； 7. 光伏汇流箱运行维护及故障处理； 8. 逆变器分类及基本特性；	17	1. 大型地面并网光伏发电系统运维手册的编制；

续表 3-25

序号	学习任务（单元、模块）	职业能力	知识、技能、态度要求	教学活动设计	学时	课外拓展项目
4	大型地面并网光伏发电系统主要设备的运行维护	3. 光伏电站运行数据分析的能力； 4. 光伏电站状态评估的能力	14. SVG设备原理及运行要求； 15. 光伏电站信息化运维过程管理； 16. 运行数据深度分析及状态评估； 17. 高效运维操作与响应管理； 18. 光伏电站能效优化管理； 19. 光伏电站生产运行指标； 20. 指标应用及注意事项	9. 逆变器的运行维护及故障处理； 10. 太阳辐射基础； 11. 太阳辐射测量仪器； 12. 太阳辐射仪的维护及故障处理； 13. 变电站直流、通信、继电保护系统工作原理； 14. 变电站直流、通信、继电保护系统常见故障处理； 15. SVG设备原理及运行要求； 16. 光伏电站信息化运维方法； 17. 光伏电站运行数据深度分析及状态评估方法； 18. 高效运维操作与响应管理； 19. 光伏电站能效优化管理； 20. 光伏电站生产运行指标； 21. 指标应用及注意事项	17	2. 大型地面并网光伏发电系统监控系统的搭建与维护
合计					87	

（二）工作任务描述

根据光伏电站运维与管理课程目标和涵盖的工作任务要求，确定课程内容和要求，说明学生应获得的知识、技能与态度（表 3-26）。

表 3-26 工作任务描述

序号	工作任务	知识要求	技能要求
1	家庭分布式光伏电站的运维与管理	1.熟练使用计算机,熟练使用光伏电站设计软件如 PVsyst、PVSOL 等; 2.熟悉影响光伏电站发电量的因素; 3.光伏电站发电估算方法; 4.掌握逆变器操作方法; 5.掌握光伏组件清洗方法; 6.熟悉阴影对光伏电站的影响; 7.掌握光伏电缆的维护方法; 8.掌握逆变器的维护方法; 9.掌握光伏系统数据通信系统运行与维护; 10.掌握光伏系统消防措施; 11.掌握光伏系统防台风措施	1.能使用光伏系统设计软件; 2.能估算光伏电站发电量; 3.能分析光伏电站全生命周期影响发电量因素; 4.能利用逆变器自带监控数据判断光伏电站工作状态; 5.正确清洗光伏组件; 6.光伏电站阴影分析; 7.光伏电缆维护; 8.光伏逆变器运行与维护; 9.光伏系统数据通信系统运行与维护; 10.光伏系统的消防; 11.光伏系统台风防护
2	工业屋顶并网光伏电站的运维与管理	1.光伏电站现场运维工作及流程化管理; 2.日常巡检、设备检修与维护; 3.光伏电站运维常用工器具; 4.光伏电站全流程质量控制; 5.光伏电站测试及性能评估	1.能进行光伏电站运行维护管理; 2.能使用光伏电站运维常用工具; 3.能检查光伏电站质量; 4.能开展光伏电站性能测试; 5.能进行光伏电站性能评估
3	BIPV并网光伏电站运维与管理	1.光伏电站安全隐患及风险因素; 2.光伏电站常见安全隐患防范措施; 3.并网光伏电站安全生产及危险源排查	1.能排查光伏电站安全隐患; 2.能进行光伏电站安全隐患防范; 3.能维护建材型光伏组件的运行; 4.支撑结构维护; 5.光伏方阵与建筑物结合部分检修与维护; 6.光伏控制器检修与维护; 7.逆变器的检修与维护; 8.配电线路检修与维护; 9.蓄电池维护
4	大型地面并网光伏发电系统主要设备运行维护	1.光伏组件基本特性; 2.光伏组件运行维护及故障处理; 3.连接器在光伏系统中的重要性; 4.光伏电站连接器常见问题及处理; 5.连接器压接工具及实操演示; 6.光伏汇流箱的构成和维护; 7.光伏汇流箱运行维护及故障处理; 8.逆变器分类及基本特性; 9.逆变器的运行维护及故障处理; 10.太阳辐射仪维护及故障处理; 11.变电站直流、通信、继电保护系统原理及常见故障处理; 12.SVG 设备原理及运行要求; 13.光伏电站信息化运维过程管理; 14.高效运维操作与响应管理; 15.光伏电站能效优化管理; 16.光伏电站生产运行指标; 17.指标应用及注意事项	1.能对并网光伏发电系统中各个设备运行维护; 2.能开展变电站二次设备、SVG 设备运行维护; 3.能开展光伏电站运行数据分析; 4.能开展光伏电站状态评估

三、课程实施建议

(一)教材选用与编写

同3.2.2节离网光伏发电系统设计与施工课程标准的教材选用与编写。

(二)教学建议

同3.2.2节离网光伏发电系统设计与施工课程标准的教学建议。

(三)教学基本条件

1.担任本课程的专任教师须具备的条件

(1)师德、学历和教学水平符合“学校教师任职资格”要求；

(2)担任本课程教学辅导老师或实验实训辅导老师一年以上；

(3)具有光伏企业工作经历，熟悉光伏系统的设计、施工、安装调试、运维管理；

(4)具有信息化教学能力；

(5)具有与本课程相关的知识、技术技能和创新能力。

2.教学环境须具备以下条件

(1)配备与课程相关的光伏实训室；

(2)具备互联网接入环境；

(3)能为学生提供电脑或其他智能终端设备，为“互联网＋资源库”的新型应用模式提供硬件支持。

四、教学评价

1.过程性评价

实践考核以学生参与并网光伏电站运维及管理过程的情况作为考查对象。

严格考核学生出勤情况，达到学生管理规定的旷课量取消考试资格。综合成绩根据平时出勤成绩、作业成绩、实验实训及运维项目综合报告成绩和期末成绩评定。

2.终结性评价

本课程采用任务驱动教学法，为实施过程考核提供了条件。采用过程考核(任务考核)与课程考核(期末考评)相结合的方法，强调过程考评的重要性。过程考核占60分，课程考核占40分(具体见表3-27)，取代了仅凭一次期末考试来确定成绩的方式。

表3-27　评价与考核表

课程成绩	平时成绩占20%	到课情况占50%
		作业完成情况占50%
	运维项目报告占40%	项目答辩占50%
		项目报告占50%
	期末考试成绩占40%	

3.2.5 光伏应用产品设计与实践课程标准

中高职衔接光伏工程技术专业
光伏应用产品设计与实践课程标准

适用对象：中高职贯通五年制、高职三年制

适用专业：光伏工程技术专业

课程类别：岗位主干领域课程

修课方式：必修

教学时数：30

总学分：2（按四舍五入的原则，每16课时为1学分计算）

合作企业：顺德嘉阳新能源有限公司

一、课程的性质和任务

（一）课程定位

光伏应用产品设计与实践是光伏工程技术专业核心课程，以光伏组件和电工电子技术为主线，以传感器应用技术和智能仪器技术为补充，以光伏应用产品的实际开发过程为依托，在产品的设计和开发方面对学生进行综合性训练，主要培养学生的实践技能和职业素养。通过项目主线、任务引领的活动设计，使学生具备高素质劳动者的基本知识、基本方法和基本技能，形成解决实际问题的能力，提高全面素质，形成综合职业能力。并培养学生具有诚实、守信、善于沟通和合作的品质，树立环保、节能、安全意识，形成良好的职业道德行为。

（二）学习领域目标

通过学习光伏应用产品设计与实践，掌握以下专业能力、方法能力、社会能力等目标。

1. 专业能力目标

（1）能设计光伏应用产品，规划设计流程；

（2）能对光伏应用产品的硬件系统和软件系统进行设计；

（3）能对光伏应用产品的系统进行软硬件调试；

（4）能编写光伏应用产品的生产工艺文件。

2. 方法能力目标

（1）具有一定的独立分析、设计、实施、评估的能力；

（2）具有获取、分析、归纳、交流知识和新技术的能力；

（3）具有自学能力、理解能力与表达能力；

（4）具有将知识与技术综合运用的能力；

（5）具有团队协作的能力。

3.社会能力目标

(1)具有资讯和归纳总结、方案表达的能力、沟通与合作能力;

(2)具有责任意识、创新意识、质量意识、成本意识;

(3)具有良好的工作习惯,包括在技术文档管理、测试设备的安装调试等工作中按规范操作的习惯;

(4)具有基本的英语阅读、翻译和交流能力,光伏产品及电子元器件英文资料解读能力;

(5)具有新知识、新技能的学习能力、信息获取能力和创新能力。

(三)前导课程

电路基础与电工技术、模拟电子技术、数字电子技术、光伏微处理器控制技术。

(四)后续课程

毕业设计、顶岗实习。

二、课程内容标准

(一)工作任务划分及学时分配(表 3-28)

表 3-28 工作任务划分及学时分配表

序号	学习任务(单元、模块)	职业能力	知识、技能、态度要求	教学活动设计	学时	课外拓展项目
1	项目一:太阳能手提灯的设计与制作	1.具备收集、分析、归纳资料的能力; 2.具备讨论、表达、沟通的能力,培养学生爱科学、学科学的行为习惯; 3.具备基本电路分析与制作能力	1.了解常见太阳能灯具的应用领域; 2.了解常见太阳能灯具的功能模块; 3.掌握基本的太阳能手提灯的电学功能模块的设计与制作方法; 4.掌握太阳能灯具的基本性能调试与可靠性测试	教学活动: 1.常见太阳能灯具介绍; 2.简易太阳能充放电控制电路设计; 3.LED 驱动电路设计。 教学内容: 1.常见太阳能灯具及电路介绍; 2.简易太阳能充放电控制器电路软硬件设计; 3.LED 驱动电路设计	14	太阳能警示灯的设计与制作

续表 3-28

序号	学习任务(单元、模块)	职业能力	知识、技能、态度要求	教学活动设计	学时	课外拓展项目
2	项目二：光伏组件 I-V 曲线测试仪设计与制作	1. 具备光伏组件测试能力； 2. 具备光伏组件设计与制作能力； 3. 具备电路设计、PCB 制作、电路调试能力	1. 掌握光伏组件 I-V 特性曲线测试方法； 2. 掌握光伏组件 I-V 特性曲线测试仪功能电路设计与制作方法； 3. 掌握光伏组件 I-V 特性曲线测试仪功能电路调试方法	教学活动： 1. 讲解光伏组件 I-V 特性曲线测试原理； 2. 讲解光伏组件 I-V 特性曲线测试仪电路工作原理； 3. 演示功能电路的测试。 教学内容： 1. 光伏组件 I-V 特性曲线测试原理； 2. 光伏组件 I-V 特性曲线测试仪电路工作原理； 3. 可编程直流电源的使用； 4. 直流电子负载的使用； 5. 仪表放大电路的使用； 6. 示波器的使用	16	简易太阳能组件测试仪的设计制作
3	项目三：辐照度测试仪的设计与制作	1. 具备收集、分析、归纳资料的能力； 2. 具备讨论、表达、沟通的能力培养学生爱科学、学科学的行为习惯； 3. 具备使用各类传感器的能力	1. 掌握模块化编程的基本方法； 2. 掌握驱动程序的移植与编写； 3. 掌握 LCD 1602 液晶的读写方法	教学活动： 1. LCD1602 液晶的使用； 2. 光照度传感器驱动程序编写和移植； 3. 模块化编程方法。 教学内容： 1. LCD1602 液晶的显示字符和数值； 2. 光照度传感器驱动程序编写和移植； 3. LCD1602 和光照度传感器模块化编程	14	光照度计的设计与制作

续表 3-28

序号	学习任务(单元、模块)	职业能力	知识、技能、态度要求	教学活动设计	学时	课外拓展项目
4	项目四：太阳能手机充电器的设计与制作	1. 具备收集、分析、归纳资料的能力； 2. 具备讨论、表达、沟通的能力，培养学生爱科学、学科学的行为习惯； 3. 具备基本电路分析与制作能力	1. 了解常见太阳能手机充电器的应用领域； 2. 了解常见太阳能手机充电器的功能模块； 3. 掌握基本的太阳能手机充电控制器的电学功能模块的设计与制作方法； 4. 掌握太阳能手机充电控制器的基本性能调试与可靠性测试	教学活动： 1. 常见太阳能手机充电器介绍； 2. 太阳能手机充放电控制电路设计。 教学内容： 1. 常见太阳能灯具及电路介绍； 2. 太阳能手机充放电控制器电路软硬件设计	16	家庭离网智能充电控制器的设计与制作
5	项目五：双轴太阳能自动追踪系统的设计与制作	1. 具备收集、分析、归纳资料的能力； 2. 具备讨论、表达、沟通的能力，培养学生爱科学、学科学的行为习惯； 3. 具备基本电路分析与制作的能力	1. 掌握 PROTEL 电路图的绘制、印制电路板的雕刻技术； 2. 掌握步进电机的控制方法； 3. 掌握 DS 1302 驱动程序的编写方法； 4. 掌握 LCD 12864 驱动程序的编写方法	教学活动： 1. 步进电机的控制； 2. 追踪传感器模块与算法的设计； 3. 日历芯片的选择； 4. 显示屏的选择。 教学内容： 1. 步进电机正反转的控制； 2. 追踪传感器的设计； 3. DS1302 时间芯片的使用； 4. LCD12864 液晶显示	18	太阳能智能寻光小车的设计与制作
合计					30 (选)	

(二)工作任务描述(表 3-29)

根据光伏应用产品设计与实践课程目标和涵盖的工作任务要求,确定课程内容和要求,说明学生应获得的知识、技能与态度。

表 3-29 工作任务描述

序号	工作任务	知识要求	技能要求
1	项目一:太阳能手提灯的设计与制作	1. 了解常见太阳能灯具的应用领域; 2. 了解常见太阳能灯具的功能模块; 3. 掌握基本的太阳能手提灯的电学功能模块的设计与制作方法; 4. 掌握太阳能灯具的基本性能调试与可靠性测试	能根据要求设计与制作太阳能手提灯
2	项目二:光伏组件 *I-V* 曲线测试仪设计与制作	1. 掌握光伏组件 *I-V* 特性曲线测试方法; 2. 掌握光伏组件 *I-V* 特性曲线测试仪功能电路设计与制作方法; 3. 掌握光伏组件 *I-V* 特性曲线测试仪功能电路调试方法	能根据要求设计与制作光伏组件 *I-V* 特性曲线测试仪模型
3	项目三:辐照度测试仪的设计与制作	1. 掌握模块化编程的基本方法; 2. 掌握驱动程序的移植与编写; 3. 掌握 LCD1602 液晶的读写方法	能设计与制作光伏辐照度测试仪
4	项目四:太阳能手机充电器的设计与制作	1. 了解常见太阳能手机充电器的应用领域; 2. 了解常见太阳能手机充电器的功能模块; 3. 掌握基本的太阳能手机充电控制器的电学功能模块的设计与制作方法; 4. 掌握太阳能手机充电控制器的基本性能调试与可靠性测试	能设计与制作简单的太阳能手机充电器
5	项目五:双轴太阳能自动追踪系统的设计与制作	1. 掌握 PROTEL 电路图的绘制、印制电路板板的雕刻技术; 2. 掌握步进电机的控制方法; 3. 掌握 DS1302 驱动程序的编写方法; 4. 掌握 LCD12864 驱动程序的编写方法	能设计与制作简单的双轴太阳能自动追踪系统

三、课程实施建议

（一）教材选用与编写

同3.2.2节离网光伏发电系统设计与施工课程标准的教材选用与编写。

（二）教学建议

同3.2.2节离网光伏发电系统设计与施工课程标准的教学建议。

（三）教学基本条件

1.担任本课程的专任教师须具备的条件

(1)师德、学历和教学水平符合“学校教师任职资格”要求；

(2)担任本课程教学辅导老师或实验实训辅导老师一年以上；

(3)具有新能源相关产业工作经验；

(4)具有信息化教学能力；

(5)具有与本课程相关的知识、技术技能和创新能力。

2.教学环境须具备的条件

(1)配备与课程相关的光伏应用产品设计与制作实训室；

(2)具备互联网接入环境；

(3)能为学生提供电脑或其他智能终端设备，为“互联网＋资源库”的新型应用模式提供硬件支持。

四、教学评价

1.过程性评价

加强学生作业管理，强调作业的真实性，建立学生的作业信用制度，将信用度与课程的平时成绩挂钩；以开、闭卷结合的方式对学生进行考核；加重实验考核比重。

2.终结性评价

评价与考核建议如表3-30所示。

表3-30 评价与考核表

课程成绩	平时成绩占20％	到课情况占50％
		作业完成情况占50％
	项目作品占40％	项目作品实物占50％
		项目设计报告占50％
	期末考试成绩占40％	

五、教材及参考资料

(1)教辅材料

光伏应用产品设计与实践课程必须有相应的教辅材料。教辅材料的开发应根据实训教学大纲选用或编写，要对光伏组件设计与应用中的工序名称、内容、学时、设施、操作规程、注意事项、实训结果、数据处理等做出明确规定。

(2)教材选用与编写

本门课程选用《光伏应用产品设计与实践》(段春艳、谭健斌主编,机械工业出版社出版),教材内容与现阶段光伏应用产品设计与生产相适应,能够反映现实生产情况。

(3)课程资源的开发与利用

教辅材料主要包括光伏应用产品设计与生产相关书籍,光伏应用产品设计与实践的实训指导手册应随人才培养方案和实训教学大纲的变化作相应修订。

(4)工学结合

根据光伏应用产品设计与课程的特点,与相关光伏企业进行联系沟通,合理地安排学生到尽可能专业对口的岗位上参加工学结合下厂实习。为学生提供了包括专业技能和综合能力两方面能力培养的实践环境,使学生在真实的环境下进行岗位实践,培养学生解决生产实际和工程项目中实际问题的能力及管理能力,取得实际工作经验,培养团队协作精神,群体沟通技巧,组织管理能力和领导艺术才能等个人综合素质,为学生今后从事各项工作打下基础。

学校也安排教师到企业学习,使教师的实践教学能力得以提升,教师可以根据在工厂里面的学习经历与企业开发"厂中校"课程资源,更好地为学生和企业服务。

(5)网络资源

光伏应用产品设计与实践精品课程可作为辅助材料学习,应用于课程教学。网络资源可以作为学生从事光伏应用产品设计与课程学习活动的辅助性工具。为此,老师可以引导学生积极有效地将网络资源用于学习活动之中。例如,借助网络资源查阅光伏应用产品的知识及生产方法、注意事项等。

3.2.6 光伏产品检测技术课程标准

中高职衔接光伏工程技术专业
光伏产品检测技术课程标准

适用对象:中高职贯通五年制、高职三年制

适用专业:光伏工程技术专业

课程类别:岗位主干领域课程

修课方式:必修

教学时数:60

总学分:4.0(按四舍五入的原则,每16课时为1学分计算)

合作企业:国家太阳能光伏产品质量监督检验中心(广东)

一、课程的性质和任务

(一)课程定位

光伏产品检测技术是光伏工程技术专业一门专业核心课程，包含质量检验和质量管理体系、光伏产品检测标准与规范、光伏产品质量检验及抽样技术、光伏产品认证等多方面内容，具有较强的综合性，着重培养学生解决实际工程问题的能力，为将来从事光伏产品检测和认证工作奠定坚实的基础，以及在光伏类专业领域进一步发展打下良好基础。

通过本课程的学习，能够掌握硅片、太阳电池、光伏组件和光伏电站及部件的检测技术。光伏产品检测标准与认证课程的结束以完成光伏电站及设备部件的检测报告作为标志。课程的着重点放在光伏产品的检测技术实践上。本课程的任务是使学生具备从事设计与制造工作所必需的光伏产品检测的基本知识和基本技能。初步形成利用所学知识解决实际问题的能力，初步具有对光伏产品检测的能力。同时，为后续课程的学习打下牢固的基础。使学生在完成课程的同时，在创新意识、团队协作、交流表达、信息处理、分析问题与解决问题等各方面得到提高。

(二)学习领域目标

通过学习光伏产品检测技术，使学生掌握以下专业能力、方法能力、社会能力等目标。

1. 专业能力目标

(1)掌握我国光伏产品认证用标准。

(2)掌握常用的质量检验方法。

(3)掌握光伏产品质量检验中的抽样技术。

(4)掌握有关计量的知识。

(5)掌握光伏认证申请。

(6)掌握硅片的检测技术和方法。

(7)掌握太阳电池的检测技术和方法。

(8)掌握光伏组件的检测技术和方法。

(9)掌握光伏电站的检测技术和方法。

2. 方法能力目标

(1)具有一定的独立分析、设计、实施、评估的能力；

(2)具有获取、分析、归纳、交流知识和新技术的能力；

(3)具有自学能力、理解能力与表达能力；

(4)具有将知识与技术综合运用的能力；

(5)具有团队协作的能力。

3. 社会能力目标

(1)具有资讯和归纳总结、方案表达的能力，沟通与合作能力。

(2)具有责任意识、创新意识、质量意识、成本意识。

(3)具有良好的工作习惯,包括在技术文档管理、测试设备的安装调试等工作中按规范操作的习惯。

(4)具有基本的英语阅读、翻译和交流能力,光伏产品及电子元器件英文资料解读能力。

(5)具有新知识、新技能的学习能力,信息获取能力和创新能力。

(三)前导课程

晶硅太阳电池生产工艺、光伏组件生产技术。

(四)后续课程

毕业设计、顶岗实习。

二、课程内容标准

(一)工作任务划分及学时分配(表 3-31)

表 3-31　工作任务划分及学时分配表

序号	工作任务	知识点	训练或工作项目	教学重点	教学情境与教学设计	建议学时
1	光伏产品检测技术概述	1. 标准的概念; 2. 光伏产品检测标准的意义; 3. 认证的概念	1. 查阅光伏产品检测标准; 2. 查阅光伏产品认证用标准	1. 分析光伏产品检测标准的内容; 2. 理解标准在认证中的地位和作用	1. 学生通过各种途径收集光伏相关检测标准; 2. 分析光伏产品检验标准内容; 3. 讨论光伏产品检验标准的查阅方法	4
2	硅片检测技术	1. 硅片的电学参数; 2. 单晶硅晶向定向; 3. 单晶位错密度; 4. 红外吸收法原理	1. 硅片导电类型检测; 2. 硅片电阻率检测; 3. 硅片少子寿命检测; 4. 单晶硅片晶向测定; 5. 单晶位错密度检测; 6. 红外吸收法测定晶体硅硅片中的碳、氧含量	掌握硅片各项性能参数的检测方法	通过硅片相关检测设备介绍和试验演示,让学生了解硅片检测设备的工作原理,硅片性能参数的物理意义;然后让学生动手完成硅片各项性能参数的检测,出具检测分析报告	10

续表 3-31

序号	工作任务	知识点	训练或工作项目	教学重点	教学情境与教学设计	建议学时
3	太阳电池检测	1. 太阳电池的外观； 2. 太阳电池的电学参数； 3. 太阳电池的缺陷检测原理； 4. 太阳电池的光学性能； 5. 太阳电池的浆料性能	1. 太阳电池的外观检测； 2. 太阳电池的电学参数测量； 3. 太阳电池的缺陷检测； 4. 太阳电池的光学性能测试； 5. 太阳电池的浆料附着力测试	1. 掌握太阳电池检测标准； 2. 掌握太阳电池各项性能参数的检测方法	通过太阳电池相关检测设备介绍和试验演示，让学生了解太阳电池检测设备的工作原理，太阳电池性能参数的物理意义；然后让学生动手完成太阳电池各项性能参数的检测，出具检测分析报告	12
4	光伏组件检测	1. 光伏组件的组成材料； 2. 光伏组件的电学性能； 3. 光伏组件温度参数； 4. 光伏组件抗老化性能； 5. 光伏组件机械性能； 6. 光伏组件PID效应	1. 光伏组件材料的检测； 2. 光伏组件电学性能测试； 3. 光伏组件温度参数检测； 4. 光伏组件抗老化性能测试； 5. 光伏组件机械性能测试； 6. 光伏组件PID测试	1. 掌握光伏组件的检测标准； 2. 掌握光伏组件各项性能参数的检测方法	通过光伏组件相关检测设备介绍和试验演示，让学生了解光伏组件检测设备的工作原理，光伏组件性能参数的物理意义；然后让学生动手完成光伏组件各项性能参数的检测，出具检测分析报告	16
5	光伏系统部件及光伏电站检测技术	1. 光伏阵列的性能参数； 2. 光伏逆变器的性能参数； 3. 光伏电站的性能； 4. 电能质量的基本概念； 5. 红外成像的原理	1. 光伏阵列检测； 2. 光伏逆变器检测； 3. 光伏电站性能评价； 4. 电能质量分析仪的使用； 5. 红外热成像仪的使用	1. 掌握光伏电站性能的评价方法； 2. 掌握光伏系统各设备部件的检测方法	通过光伏系统相关检测设备介绍和试验演示，让学生了解光伏系统检测设备的工作原理，光伏系统性能参数的物理意义；然后让学生动手完成光伏系统各项性能参数的检测，出具检测分析报告	18
合计						60

(二)工作任务描述(表 3-32)

根据光伏产品检测标准与认证课程目标和涵盖的工作任务要求,确定课程内容和要求,说明学生应获得的知识、技能与态度。

表 3-32　工作任务描述

序号	工作任务	知识要求	技能要求
1	光伏产品检测技术概述	1.掌握标准的基本概念; 2.掌握光伏产品认证用的标准内容; 3.掌握光伏产品认证的相关知识	1.掌握光伏产品检验标准的查阅方法; 2.掌握光伏产品检验标准的使用方法; 3.掌握光伏产品认证申请、要求和过程
2	硅片检测技术	1.硅片的电学参数概念; 2.硅片检测设备的工作原理; 3.晶向的概念; 4.位错密度的概念; 5.硅片中杂质的影响机理	1.掌握硅片电学参数检测设备的操作方法; 2.掌握硅片晶向定向的方法; 3.掌握金相显微镜检测硅片位错密度的方法; 4.掌握红外吸收法测定硅片中碳、氧杂质含量的方法
3	太阳电池检测	1.熟悉太阳电池外观检测标准; 2.掌握太阳电池电学参数概念; 3.掌握太阳电池的缺陷形成机理; 4.掌握太阳电池光伏性能参数概念; 5.掌握太阳电池电极附着力产生机理	1.掌握太阳电池电学参数检测设备的操作方法; 2.掌握太阳电池缺陷的检测方法; 3.掌握紫外-可见光分光计检测太阳电池光学性能的方法; 4.掌握太阳电池电极附着力的检测方法
4	光伏组件检测	1.掌握光伏组件的电学参数概念; 2.掌握光伏组件的结构; 3.掌握光伏组件温度参数的物理意义; 4.掌握光伏组件老化机理; 5.掌握光伏组件机械强度概念; 6.掌握光伏组件 PID 效应形成机理	1.熟练使用 I-V400 光伏组件测试仪; 2.掌握光伏组件材料检测方法; 3.掌握光伏组件温度参数的检测方法; 4.掌握光伏组件老化试验方法; 5.掌握光伏组件机械强度测试方法; 6.掌握光伏组件 PID 检测

续表 3-32

序号	工作任务	知识要求	技能要求
5	光伏系统部件及光伏电站检测技术	1. 掌握光伏阵列的性能参数概念； 2. 掌握光伏逆变器性能参数概念； 3. 掌握光伏电站评价指标； 4. 掌握光伏电站电能质量的概念； 5. 掌握红外成像的原理	1. 掌握光伏阵列的测试方法； 2. 掌握光伏逆变器各性能参数的检测方法； 3. 掌握光伏电站的评价方法； 4. 掌握电能质量分析仪的操作方法； 5. 掌握红外热成像仪的操作方法

三、课程实施建议

(一)教材选用与编写

同 3.2.2 节离网光伏发电系统设计与施工课程标准的教材选用与编写。

(二)教学建议

同 3.2.2 节离网光伏发电系统设计与施工课程标准的教学建议。

(三)教学基本条件

1. 担任本课程的专任教师须具备的条件

(1)师德、学历和教学水平符合“学校教师任职资格”要求；

(2)担任本课程教学辅导或实验实训辅导一年以上；

(3)具有新能源相关产业工作经验；

(4)具有信息化教学能力；

(5)具有与本课程相关的知识、技术技能和创新能力。

2. 教学环境须具备的条件

(1)配备与课程相关的实训室；

(2)具备互联网接入环境；

(3)能为学生提供电脑或其他智能终端设备，为“互联网＋资源库”的新型应用模式提供硬件支持。

四、教学评价

(1)建议学生线上学习并获取本课程的线上结业证书，线上学习成绩占总成绩的 40％。

(2)线下考核及平时成绩占总成绩的 60％，根据学生情况可以实时调整各项考核比例。

期末考核方式可以采用线上测试试卷＋综合项目考核、线下实操考核或具有课程特点的其他考核方式。

线上资源可学习新能源资源库光伏产品检测标准与认证课程资源，并获得证书。证书示例见图 3-11。

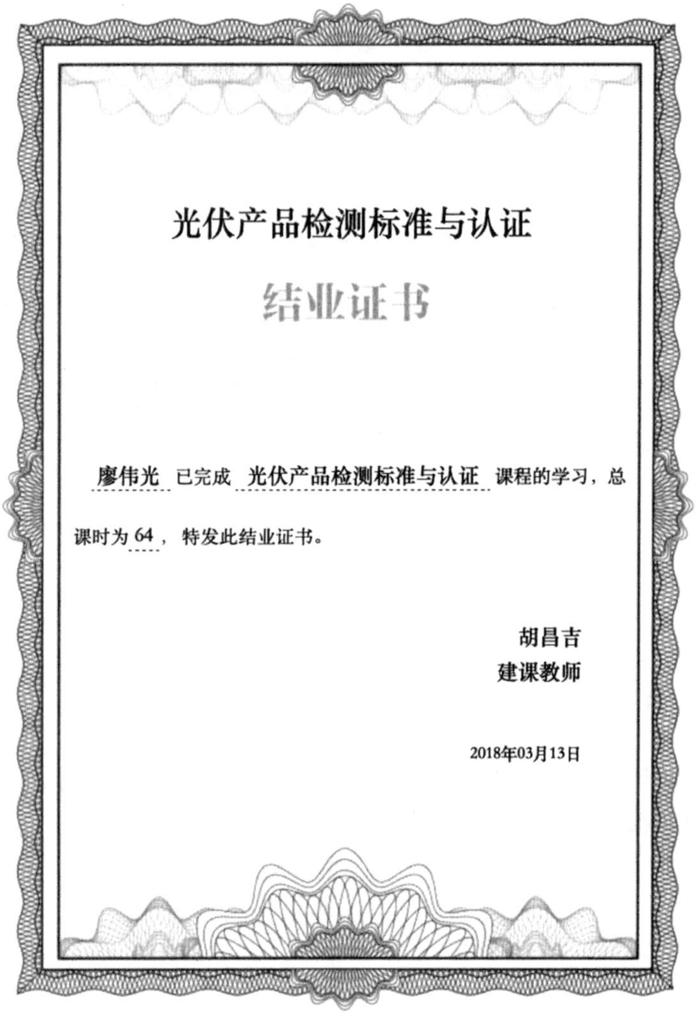

光伏产品检测标准与认证

结业证书

廖伟光 已完成 光伏产品检测标准与认证 课程的学习，总

课时为 64 ，特发此结业证书。

胡昌吉

建课教师

2018年03月13日

图 3-11　光伏产品检测标准与认证课程结业证书

五、教材及参考资料

(1)教辅材料

光伏产品检测技术课程必须有相应的教辅材料。教辅材料的开发应根据实训课程标准选用或编写，要对光伏产品检测中的工序名称、内容、学时、设施、操作规程、注意事项、实训结果、数据处理等做出明确规定。

(2)教材选用与编写

本门课程选用段春艳、班群、林涛主编的《光伏产品检测技术》(北京化学工业出版社 2016 年出版)。教材内容与现阶段光伏产品检测技术相适应，能够反映现实生产情况。

(3)课程资源的开发与利用

教辅材料主要包括光伏产品检测相关书籍，教材应随人才培养方案和实训教学大纲的变化作相应修订。

(4)工学结合

根据光伏产品检测标准与认证课程的特点，与相关光伏企业联系，合理地安排学生到尽可能专业对口的岗位上参加工学结合下厂实习。为学生提供包括专业技能和综合能力两方面能力培养的实践环境，使学生在真实的环境下进行岗位实践，培养学生解决生产实际和工程项目中实际问题的能力及管理能力，取得实际工作经验，培养团队协作精神，群体沟通技巧，组织管理能力和领导艺术才能等个人综合素质，为学生今后从事各项工作打下基础。

学校也安排教师到企业学习，使教师的实践教学能力得以提升，教师可以根据在工厂里面的学习经历与企业开发“厂中校”课程资源，更好地为学生和企业服务。

(5)网络资源

光伏产品检测标准与认证立体化电子教材及网络资源可作为辅助材料学习，应用于课程教学。网络资源可以作为学生从事光伏产品检测标准与认证课程学习活动的辅助性工具。为此，老师可以引导学生积极有效地将网络资源用于学习活动之中。例如，借助网络资源查阅光伏产品的知识及生产方法、注意事项等。

(6)仿真软件

使用有效的仿真软件对光伏产品检测进行虚拟实训，使学生加深对相关教学内容的理解，帮助学生形成解决问题的基本策略和方法等。

3.2.7 光伏组件生产技术课程标准

中高职衔接光伏工程技术专业
光伏组件生产技术联盟课程标准

适用对象：中高职衔接五年制、高职三年制

适用专业：光伏工程技术专业

课程类别：岗位主干领域课程

修课方式：必修

教学时数：56

总学分：3.5（按四舍五入的原则，每16课时为1学分计算）

合作企业：德九新能源公司

一、课程的性质和任务

(一)课程定位

光伏组件生产技术是高职三年制新能源类专业光伏发电领域的一门专业核心

课程。本课程对照光伏发电国家职业技能标准和光伏发电应用的职业岗位技能要求，采用与职业岗位对应的工程项目构建主线，选取典型的光伏组件生产设备、工艺和工作任务，根据高职学生的智能特点和认知心理顺序，针对工作过程的环节来构建学习情节和设计学习单元，重新融合成以工作过程为中心的项目模块课程。学生在专业课学习中，通过一系列既相对独立又有机结合的子项目学习和实训，完成与职业岗位群相对应的职业技能学习和训练。

（二）学习领域目标

通过学习光伏组件生产技术，使学生掌握以下专业能力、方法能力、社会能力等目标。

1. 专业能力目标

(1)独立完成太阳电池片的检测，如外观、电性能等；

(2)能够熟练完成 EVA、TPT 裁剪和备料工艺；

(3)熟练掌握焊接工艺，单片焊接和串联焊接等工艺；

(4)能熟练掌握激光划片、拼接与叠层工艺和滴胶工艺；

(5)能够熟练完成层压、固化、装框与清洗工艺；

(6)能够对光伏组件的性能进行准确测试；

(7)能熟练掌握太阳电池组件的测试方法。

2. 方法能力目标

(1)具有一定的独立分析、设计、实施、评估的能力；

(2)具有获取、分析、归纳、交流知识和新技术的能力；

(3)具有自学能力、理解能力与表达能力；

(4)具有将知识与技术综合运用的能力；

(5)具有团队协作的能力。

3. 社会能力目标

(1)熟练掌握电路基础与电工技术、太阳电池材料、太阳电池生产工艺等相关课程，热爱光伏行业并有吃苦耐劳的精神。

(2)具有较好的电子技术基础知识、基本技能。

(3)有一定的逻辑思维能力，有较强的分析问题和解决问题能力，对电子和光伏技术相关知识有一定的兴趣和爱好。

（三）前导课程

电路基础与电工技术、模拟电子技术与实践、数字电子技术与实践、晶硅太阳电池生产工艺。

（四）后续课程

离网光伏系统设计与施工、并网光伏系统设计与施工、光伏应用产品设计与实践。

二、课程内容标准

(一)工作任务划分及学时分配(表3-33)

表3-33 工作任务划分及学时分配表

序号	工作任务	知识点	训练或工作项目	教学重点	教学情境与教学设计	建议学时
1	太阳电池片测试	电池片输出参数(电流和电压)	1. 检查电池片有无碎裂和隐裂; 2. 根据所测的电池片电流和电压数值将电池片进行分挡	1. 电池片碎裂和隐裂的判断标准和方法; 2. 电池片分挡的标准	1. 确认电池片测试仪连接线连接牢固,压缩空气压力正常; 2. 打开操作面板"电源"开关,按下"量程"按钮; 3. 调节嵌位电压,打开气阀; 4. 把电池面放在工作台面上,调整电池面位置,使测试仪探针与主栅线对齐,踩下脚阀测试; 5. 根据测得的电流值进行分挡; 6. 每100片作为一个包装,用纸盒传递; 7. 作业完毕,按操作规程关闭仪器	8
2	正面焊接	焊接、互联条	1. 检查电池片有无色斑; 2. 互联条的焊接	互联条的焊接	1. 把初检好的电池片放在垫好的纸上,负极(正面)向上,检查电池片是否完整,有无色斑; 2. 将浸泡过的互联条平铺在电池片的主栅线内(如发现互连带上助焊剂干涸,则在与主栅线接触的那一面现涂助焊剂); 3. 互联条的拆痕对应电池片曲线,互联条的前端离电池片两条副栅线距离(左手为前端)约1mm; 4. 用左手指从前端依次均匀地按住互连带,右手拿烙铁,用烙铁头的平面平压在互连带的尾端,从尾端第三根副栅线处从右往左焊接; 5. 当烙铁头离开电池时(即将结束),轻提烙铁头,快速拉离电池片	8

续表 3-33

序号	工作任务	知识点	训练或工作项目	教学重点	教学情境与教学设计	建议学时
3	背面串焊	焊接、背面焊接注意事项	助焊剂的使用	背面焊接方法	1. 将单焊好的电池片的互联条均匀地涂上助焊剂； 2. 将电池片露出互联条的一端向右，依次在模板上排列好，正极（背面）向上，互联条落在下一片的主栅线内； 3. 将电池片按模板上的对正块、对齐条对应好，检查电池片之间的间距是否均匀且相等，同一间距的上、中、下口的距离相等； 4. 检查电池片背电极与电池正面互联条是否在同一直线上，防电池片片之间互联条错位； 5. 焊接下一片电池时，还要顾及前面的对正位置要在一条线上，防止倾斜； 6. 电池对正后，用左手轻轻由左至右按平互联条，使之落在背电极内，右手拿烙铁头的平面轻压互联条，由左至右快速焊接，要求一次焊接完成； 7. 烙铁头若有多余的锡要求及时擦拭干净	8
4	层压敷设	EVA、TPT、叠层	1. 钢化玻璃缺陷的检查；	敷设层次的顺序：由下向上依次为玻璃、EVA、电池、EVA、玻璃纤维、背板	1. 将钢化玻璃抬至叠层工作台上，玻璃绒面朝上，检查钢化玻璃有无缺陷，检验项目参照《原材料检验标准》里钢化玻璃检验标准； 2. 将玻璃四角和叠层台上定位角标靠齐对正，用无纺布对钢化玻璃进行清洁； 3. 在钢化玻璃上平铺一层乙酸乙烯酯共聚物（EVA 胶膜），EVA 胶膜绒面向上； 4. 在玻璃两端 EVA 胶膜上放好符合组件板型设计的叠层定位模板，注意和玻璃四角靠齐对正；	8

续表 3-33

序号	工作任务	知识点	训练或工作项目	教学重点	教学情境与教学设计	建议学时
4	层压敷设	EVA、TPT、叠层	2. EVA的铺设	敷设层次的顺序：由下向上依次为玻璃、EVA、电池、EVA、玻璃纤维、背板	5. 将放有电池串的泡沫板抬至叠层的工作台上，放稳； 6. 检查电池串一面有无裂片、缺角、隐裂、移位、虚焊等现象，详细要求参照串接工序的质量标准执行，如果问题严重及时通知工艺员和质量员； 7. 清洁表面异物、残留助焊剂	8
5	层压修边	层压、修边	层压机的使用	层压机参数（如温度的设置）	1. 打开设备电源开关； 2. 选择按下"开始运行"进入工作方式选择界面，再按下"参数设置"进入参数设置界面，设置好参数； 3. 按返回状态选择返回工作，选择界面，按下"手动"进入手动工作界面； 4. 打开热油泵开关，打开加热开关； 5. 温度到达设定值后，打开真空泵开关； 6. 在手动状态下将上盖打开到位，并将B级手动运行到停止位，然后进入自动工作状态； 7. 在A级上有秩序地放入待压组件，然后按下A级按钮直到A级有料位； 8. 按下入料按钮，此时层压机自动将组件送入加热板上并自动合盖，按照设定好的工艺参数进入层压作业环节； 9. 此时可将A级再次放入组件等待； 10. 层压完毕后上盖自动打开，然后C级将组件送出，同时A级将另一炉组件送入，进行下一个层压循环； 11. 每次层压完毕必须迅速将组件取出，待冷却后用美工刀修边	8

续表 3-33

序号	工作任务	知识点	训练或工作项目	教学重点	教学情境与教学设计	建议学时
6	装框	装铝合金外框的意义	1. 外框中硅胶的放置； 2. 外框的安装	外框的安装方法	1. 在铝合金外框的凹槽中嵌入硅胶，硅胶量约占凹槽的一半左右； 2. 把组件嵌入铝合金外框的凹槽中，组件正面朝外； 3. 用气动螺丝刀在气压装框台上完成铝合金外框的安装； 4. 用平锉刀轻锉框架的四角，达到光滑亮洁，无毛刺； 5. 在“工艺流程单”上做好记录，并流向下一道工序	6
7	焊接接线盒	接线盒安装的目的和要求	硅胶的使用、接线盒的安装	接线盒的安装	1. 用硅胶涂在接线盒四周安装处； 2. 使接线盒引线孔穿过组件引线，把接线盒与 TPT 粘接住； 3. 用电烙铁把组件引线焊到接线盒上的对应位置(用镊子夹住汇流条焊接)； 4. 组件可用钢丝钳将引线头部夹成重叠状，后穿入接线盒接线孔； 5. 盖上盒盖	4
8	组件测试	组件测试的目的和意义	组件的测试	组件的测试方法	1. 把组件放在工作台上的规定位置； 2. 正确连接正、负极； 3. 打开仪器和电脑，点击“测试”； 4. 记录电性能参数； 5 操作完毕，按规程关闭仪器	6

续表 3-33

序号	工作任务	知识点	训练或工作项目	教学重点	教学情境与教学设计	建议学时
9	新型光伏组件的设计与制作	1. 电池片 *I-V* 测试； 2. 电池片的划片、焊接、叠层、层压、装框	完整光伏组件的设计与制作	光伏组件的设计、制作	1. 根据客户需求，设计光伏组件； 2. 独立使用仪器设备制作光伏组件； 3. 独立开展光伏组件的测试	31
合计						87

（二）工作任务描述（表 3-34）

根据光伏电池组件生产技术课程目标和涵盖的工作任务要求，确定课程内容和要求，说明学生应获得的知识、技能与态度。

表 3-34　工作任务描述

序号	工作任务	知识要求	技能要求
1	太阳电池片的测试	1. 对电路及电工方面的知识较为了解； 2. 电流表、电压表的实验方法	熟练掌握测试电池的输出参数（电流和电压）大小的方法，并对其进行分类
2	正面焊接	熟练掌握焊件、预焊、焊接、焊带、汇流带知识	熟练掌握将汇流带焊接到电池正面（负极）的主栅线上的方法
3	背面串焊	熟练掌握焊件、预焊、焊接、焊带、汇流带知识	1. 熟练掌握使用电烙铁和焊锡丝将“前面电池”的正面电极（负极）焊接到“后面电池”的背面电极（正极）上的方法； 2. 熟练掌握将太阳电池片串接在一起并在组件串的正负极焊接出引线的方法
4	层压敷设	了解 EVA、玻璃纤维、背板相关知识	1. 玻璃要注意事先涂一层试剂（primer）以增加玻璃和 EVA 的粘接强度； 2. 敷设时要保证电池串与玻璃等材料的相对位置，调整好电池间的距离，为层压打好基础； 3. 敷设层次由下向上依次为玻璃、EVA、电池、EVA、玻璃纤维、背板

续表 3-34

序号	工作任务	知识要求	技能要求
5	组件层压	层压温度的选择，抽真空的方法、EVA 交联度	1. 掌握通过抽真空将组件内的空气抽出的方法； 2. 掌握层压温度的设定的方法
6	装框	硅酮树脂、角键相关知识	1. 掌握用硅酮树脂填充边框和玻璃组件的缝隙的方法； 2. 掌握用角键连接玻璃各边框的方法
7	焊接接线盒	接线盒、硅胶、TPT 相关知识	1. 接线盒与 TPT 之间必须用硅胶密封； 2. 引线电极必须准确无误地焊在相应位置； 3. 引线焊接不能虚焊、假焊； 4. 引线穿入接线孔内必须到位，无松动现象
8	组件测试	太阳电池组件测试仪相关的原理及使用方法	熟练操作太阳电池组件测试仪，并会对结果进行分析
9	新型光伏组件的设计与制作	1. 电池片 *I-V* 测试； 2. 电池片的划片、焊接、叠层、层压、装框	1. 根据客户需求，设计光伏组件； 2. 独立使用仪器设备制作光伏组件； 3. 独立开展光伏组件的测试

三、课程实施建议

(一)教材选用与编写

同 3.2.2 节离网光伏发电系统设计与施工课程标准的教材选用与编写。

(二)教学建议

同 3.2.2 节离网光伏发电系统设计与施工课程标准的教学建议。

(三)教学基本条件

1. 担任本课程的专任教师须具备的条件

(1)师德、学历和教学水平符合“学校教师任职资格”要求；

(2)担任本课程教学辅导或实验实训辅导一年以上；

(3)具有新能源相关产业工作经验；

(4)具有信息化教学能力；

(5)具有与本课程相关的知识、技术技能和创新能力。

2. 教学环境须具备以下条件

(1)配备与课程相关的实训室；

(2)具备互联网接入环境；

(3)能为学生提供电脑或其他智能终端设备，为“互联网＋资源库”的新型应用模式提供硬件支持。

四、教学评价

(1)建议学生线上学习并获取本课程的线上结业证书,线上学习成绩占总成绩的40%。

(2)线下考核及其他平时教学占总成绩的60%,根据学生情况可以实时调整各项考核比例。

期末考核方式可以采用线上测试试卷+综合项目考核、线下实操考核或具有课程特点的其他考核方式。

证书示例见图3-12。

图3-12　光伏组件生产技术课程结业证书

五、教材及参考资料

(1)教辅材料

光伏组件生产技术课程必须有相应的教辅材料。教辅材料的开发应根据实训教学大纲选用或编写,要对光伏组件设计与应用中的工序名称、内容、学时、设施、操作规程、注意事项、实训结果、数据处理等做出明确规定。

(2)教材选用与编写

本门课程选用《光伏组件设计与生产工艺》(胡昌吉、段春艳主编，北京理工大学出版社 2015 年出版)，教材内容与现阶段光伏组件生产相适应，能够反映现实生产情况。

(3)课程资源的开发与利用

教辅材料主要包括光伏组件设计与生产相关书籍，包括《太阳能光伏组件生产制造工程技术》(李钟实编著，人民邮电出版社于 2012 年出版)，光伏电池组件设计与应用实训指导手册应随人才培养方案和实训教学大纲的变化作相应修订。

(4)工学结合

根据光伏组件生产技术课程的特点，与相关光伏企业进行联系沟通，合理地安排学生到尽可能专业对口的岗位上参加工学结合下厂实习。为学生提供包括专业技能和综合能力两方面能力培养的实践环境，使学生在真实的环境下进行岗位实践，培养学生解决生产实际和工程项目中实际问题的技能及管理能力，取得实际工作经验，培养团队协作精神，群体沟通技巧，组织管理能力和领导艺术才能等个人综合素质，为学生今后从事各项工作打下基础。

学校也安排教师到企业学习，使教师的实践教学能力得以提升，教师可以根据在工厂里面的学习经历与企业开发“厂中校”课程资源，更好地为学生和企业服务。

(5)网络资源

《光伏组件生产技术》立体化电子教材可作为辅助材料学习，应用于课程教学。网络资源可以作为学生从事光伏组件生产技术课程学习活动的辅助性工具。为此，老师可以引导学生积极有效地将网络资源用于学习活动之中。例如，借助网络资源查阅光伏组件的知识及生产方法、注意事项等。

(6)仿真软件

使用有效的仿真软件绘制光伏组件的设计过程，呈现抽象对象的直观背景，使学生加深对相关教学内容的理解，帮助学生形成解决问题的基本策略和方法等。

3.2.8　晶硅太阳电池生产工艺课程标准

中高职衔接光伏工程技术专业
晶硅太阳电池生产工艺课程标准

适用对象：中高职贯通五年制、高职三年制

适用专业：光伏工程技术专业

课程类别：岗位主干领域课程

修课方式：必修

教学时数：90

总学分：6.0（按四舍五入的原则，每16课时为1学分计算）

合作企业：广东爱康太阳能科技有限公司

一、课程的性质和任务

（一）课程定位

该课程是光伏工程技术专业和光伏发电技术及应用专业的核心能力课程，目标是让学生掌握晶硅太阳电池生产相关能力，它是以半导体材料基础课程的学习为基础，也是进一步学习光伏组件生产工艺课程的基础。

（二）学习领域目标

晶硅太阳电池生产工艺课程采用“模块化—项目—任务”的模式组织教学内容，依据太阳电池生产工序流程，将各个工序的工作内容及需要掌握的知识模块化，并通过项目—任务的方法引导学生。

1.专业能力目标

（1）独立完成硅片、太阳电池片的外观检测；

（2）能够熟练完成硅片清洗；

（3）能够掌握硅片制绒原理及常规操作；

（4）能够掌握扩散原理，熟悉扩散工艺；

（5）能够操作常规太阳电池制绒设备、前后清洗设备及扩散设备；

（6）能够对太阳电池的性能进行准确测试；

（7）掌握制备减反膜的原理，熟悉管式PECVD设备操作；

（8）能够掌握丝网印刷电极的工艺原理，熟悉丝网印刷设备操作方法。

2.社会能力目标

（1）熟练掌握电路基础与电工技术、太阳电池材料、半导体材料基础等相关课程，热爱光伏行业并有吃苦耐劳的精神。

（2）具有较好的电子技术基础知识、基本技能。

（3）有一定的逻辑思维能力，有较强的分析问题和解决问题能力，对电子和光伏技术相关知识有一定的兴趣和爱好。

3.方法能力目标

（1）具有一定的独立分析、设计、实施、评估的能力；

（2）具有获取、分析、归纳、交流知识和新技术的能力；

（3）具有自学能力、理解能力与表达能力；

（4）具有综合运用知识与技术的能力；

（5）具有团队协作的能力。

（三）前导课程

半导体材料基础。

（四）后续课程

光伏组件生产技术、并网光伏系统设计与施工、离网光伏系统设计与施工。

二、课程内容标准

（一）工作任务划分及学时分配（表3-35）

表 3-35　工作任务划分及学时分配表

序号	工作任务	知识点	训练或工作项目	教学要求	教学情境与教学设计	参考学时
1	认识硅材料	1. 硅材料的物理化学性质； 2. 硅材料的半导体特性	分析硅材料作为太阳电池材料的原因	1. 掌握硅材料的物理化学性质； 2. 掌握硅材料的半导体特性	太阳电池材料分析	2
2	硅锭的制备	1. 多晶硅碇的制备方法； 2. 单晶硅锭的拉直方法； 3. 多晶硅铸锭方法； 4. 单晶硅锭与多晶硅锭的性质特点	1. 分析单晶硅锭和多晶硅锭； 2. 铸锭方法的异同	1. 掌握单晶硅锭的拉直方法； 2. 掌握多晶硅铸锭方法； 3. 掌握单晶硅锭与多晶硅锭的性质特点	单晶硅和多晶硅片分析	2
3	硅片的生产	1. 硅片生产流程； 2. 硅片生产过程中的损伤	1. 描述硅片生产流程； 2. 分析硅片表面缺陷	1. 掌握硅片生产流程； 2. 掌握硅片生产过程中的损伤	硅片生产企业环境视频	2
4	认识晶硅太阳电池	1. 单晶硅太阳电池结构及特点； 2. 多晶硅太阳电池结构及特点	分析对比单晶硅太阳电池与多晶硅太阳电池的异同	1. 掌握单晶硅太阳电池结构及特点； 2. 掌握多晶硅太阳电池结构及特点	多晶硅和单晶硅太阳电池片	2
5	硅片清洗原理及方式	1. 湿法去除晶硅损伤层的原理； 2. 硅片清洗原理； 3. 硅片清洗工艺及特点	1. 区分不同类型的硅片污染； 2. 对不同类型的污染提出适合的清洗方案	1. 掌握湿法去除晶硅损伤层的原理； 2. 掌握硅片清洗原理； 3. 掌握硅片清洗工艺及特点	硅片清洗	2
6	硅片制绒工艺原理	1. 各向异性腐蚀原理； 2. 各向同性腐蚀原理； 3. 硅片制绒后的表面特性	1. 对各向同性腐蚀和各向异性腐蚀进行对比及特点描述； 2. 对各向同性腐蚀液体系进行设计	1. 掌握各向异性腐蚀原理； 2. 掌握各向同性腐蚀原理； 3. 掌握硅片制绒后的表面特性	硅片化学腐蚀制绒	2

续表 3-35

序号	工作任务	知识点	训练或工作项目	教学要求	教学情境与教学设计	参考学时
7	清洗制绒设备结构与组成	1. 清洗制绒设备原理和结构； 2. 清洗制绒设备的特点； 3. 清洗制绒设备维护与保养	对清洗制绒设备进行详细描述	1. 掌握清洗制绒设备原理和结构； 2. 掌握清洗制绒设备的特点； 3. 掌握清洗制绒设备维护与保养	RENA 设备	2
8	清洗制绒设备操作及常见问题处理	1. 清洗制绒设备安全使用规范； 2. 清洗制绒设备的操作流程； 3. 清洗制绒设备的功能界面； 4. 常见清洗制绒设备的故障及处理	1. 识别并清洗制绒设备操作界面； 2. 对常见设备问题进行处理	1. 掌握清洗制绒设备安全使用规范； 2. 掌握清洗制绒设备的操作流程； 3. 掌握清洗制绒设备的功能界面； 4. 掌握常见清洗制绒设备的故障及处理	RENA 设备	4
9	清洗制绒生产作业	1. 清洗制绒生产的材料和工具； 2. 清洗制绒生产流程； 3. 清洗制绒岗位工作内容及要求； 4. 清洗制绒生产注意事项	1. 正确填写工作流程卡； 2. 独立完成清洗制绒岗位准备工作； 3. 独立检查来料是否有不良片； 4. 正确完成硅片手动上料与下料	1. 掌握清洗制绒生产的材料和工具； 2. 掌握清洗制绒生产流程； 3. 掌握清洗制绒岗位工作内容及要求； 4. 掌握清洗制绒生产注意事项	RENA 设备	2
10	清洗制绒设备换液作业	1. 清洗制绒设备换液流程； 2. 清洗制绒设备换液注意事项	通过操作清洗制绒主界面完成设备换液	1. 掌握清洗制绒设备换液流程； 2. 掌握清洗制绒设备换液注意事项	RENA 设备	2
11	清洗制绒生产过程监控	1. 清洗制绒生产检测内容； 2. 清洗制绒生产检测标准； 3. 清洗制绒检测相关设备	1. 独立使用清洗制绒检测设备； 2. 正确完成 SPC 统计表	1. 掌握清洗制绒生产检测内容； 2. 掌握清洗制绒生产检测标准； 3. 掌握清洗制绒检测相关设备	RENA 设备	2

续表 3-35

序号	工作任务	知识点	训练或工作项目	教学要求	教学情境与教学设计	参考学时
12	扩散原理	1. 扩散的定义； 2. 扩散形成的条件及结的形成过程； 3. 扩散工艺的目的	对结形成过程进行描述	1. 掌握扩散的定义； 2. 掌握扩散形成的条件及结的形成过程； 3. 掌握扩散工艺的目的	扩散炉	2
13	硅片扩散制结原理及特点	1. 了解硅片扩散制结生产原理； 2. 制备 PN 结的化学过程； 3. 三氯氧磷扩散工艺流程	1. 描述三氯氧磷含氧扩散的原理； 2. 能够对扩散工艺过程进行描述分析	1. 了解硅片扩散制结生产原料； 2. 掌握制备 PN 结的化学过程； 3. 掌握三氯氧磷扩散工艺流程	扩散炉	2
14	认识扩散生产设备	1. 扩散设备组成； 2. 熟悉扩散设备软件系统操作界面； 3. 扩散设备常见问题及处理方法	1. 对扩散设备各组成系统功能进行描述； 2. 简单操作扩散设备软件系统主界面； 3. 识别并处理扩散设备常见问题	1. 掌握扩散设备组成； 2. 熟悉扩散设备软件系统操作界面； 3. 掌握扩散设备常见问题及处理方法	扩散炉	4
15	石英器件清洗及饱和作业	1. 熟悉石英器件清洗作业的原理； 2. 石英管酸液清洗过程； 3. 其他石英器件酸洗过程； 4. 石英器件饱和过程	1. 对 HF 酸损伤进行正确的处理； 2. 与他人配合操作石英器件清洗设备，完成清洗	1. 熟悉石英器件清洗作业的原理； 2. 掌握石英管酸液清洗过程； 3. 掌握其他石英器件酸洗过程； 4. 掌握石英器件饱和过程	扩散炉	2
16	三氯氧磷扩散生产作业	1. 扩散车间 5S 标准； 2. 扩散生产准备工作要求； 3. 舟叉、石英舟、石英吸笔、卸片盒等辅助工具的使用方法； 4. 扩散生产的工序流程； 5. 扩散工序的注意事项	1. 正确使用舟叉、石英舟、石英吸笔、卸片盒等辅助工具； 2. 对扩散设备软件系统进行操作； 3. 正确完成石英舟插片和卸片	1. 掌握扩散车间 5S 标准； 2. 掌握扩散生产准备工作要求； 3. 掌握舟叉、石英舟、石英吸笔、卸片盒等辅助工具的使用方法； 4. 掌握扩散生产的工序流程； 5. 掌握扩散工序的注意事项	扩散炉	2

续表 3-35

序号	工作任务	知识点	训练或工作项目	教学要求	教学情境与教学设计	参考学时
17	扩散生产工艺监控	1. 认识方块电阻； 2. 认识少子寿命； 3. 方块电阻的测量方法； 4. 少子寿命的测量方法； 5. 影响方块电阻的因素； 6. 影响少子寿命的因素	1. 熟练使用四探针电阻测试仪； 2. 熟练使用少子寿命测试仪； 3. 使用正确方法测量硅片电阻和少子寿命	1. 认识方块电阻； 2. 认识少子寿命； 3. 掌握方块电阻的测量方法； 3. 掌握少子寿命的测量方法； 4. 掌握影响方块电阻的因素； 5. 掌握影响少子寿命的因素	扩散炉	2
18	扩散设备换源作业	1. 扩散设备换源流程； 2. 换源作用注意事项	通过鼓泡实验对换源进行检测	1. 掌握扩散设备换源流程； 2. 掌握换源作业注意事项	扩散炉	4
19	扩散返工生产	1. 扩散返工生产的标准； 2. 返工生产的流程； 3. 返工片的监控标准	1. 对需要返工的硅片进行分类； 2. 按返工片的类型进行返工工艺调整	1. 掌握扩散返工生产的标准； 2. 掌握返工生产的流程； 3. 掌握返工片的监控标准	扩散炉	2
20	刻蚀生产工艺原理	1. 了解硅片刻蚀的目的和方法； 2. 湿法刻蚀的原理	对硅片湿法刻蚀作用进行分析	1. 了解硅片刻蚀的目的和方法； 2. 掌握湿法刻蚀的原理	后清洗设备	2
21	湿法刻蚀(后清洗)生产工艺流程	1. 湿法刻蚀生产的工艺流程； 2. 生产过程中各反应槽的化学反应原理	对各反应槽中的反应及作用进行描述	1. 掌握湿法刻蚀生产的工艺流程； 2. 掌握生产过程中各反应槽的化学反应原理	后清洗设备	2
22	刻蚀(后清洗)生产设备的操作及常见问题处理	1. 熟悉刻蚀(后清洗)生产设备； 2. 刻蚀(后清洗)生产设备的安全注意事项； 3. 刻蚀(后清洗)生产设备的操作方法； 4. 刻蚀(后清洗)生产设备的常见问题	1. 对刻蚀(后清洗)生产设备进行特点描述； 2. 熟练操作刻蚀(后清洗)生产设备； 3. 对生产常见问题进行正确处理	1. 熟悉刻蚀(后清洗)生产设备； 2. 掌握刻蚀(后清洗)生产设备的安全注意事项； 3. 掌握刻蚀(后清洗)生产设备的操作方法； 4. 掌握刻蚀(后清洗)生产设备的常见问题	后清洗设备	2

续表 3-35

序号	工作任务	知识点	训练或工作项目	教学要求	教学情境与教学设计	参考学时
23	刻蚀(后清洗)生产作业	1. 刻蚀(后清洗)生产的工作准备; 2. RENA-InOxside 刻蚀(后清洗)设备的工艺控制; 3. 操作 RENA-InOxside 刻蚀(后清洗)设备注意事项	1. 规范完成生产前工作准备; 2. 进行品质鉴定; 3. 正确完成硅片手动上料与下料; 4. 正确填写生产流程单; 5. 对生产工艺进行适当的调整	1. 掌握刻蚀(后清洗)生产的工作准备; 2. 掌握 RENA-InOxside 刻蚀(后清洗)设备的工艺控制; 3. 掌握操作 RENA-InOxside 刻蚀(后清洗)设备注意事项	后清洗设备	2
24	刻蚀(后清洗)生产过程监控	1. 刻蚀(后清洗)生产检测内容; 2. 刻蚀(后清洗)生产检测标准; 3. 刻蚀(后清洗)检测相关设备	1. 独立使用清洗制绒检测设备; 2. 正确完成 SPC 统计表	1. 掌握刻蚀(后清洗)生产检测内容; 2. 掌握刻蚀(后清洗)生产检测标准; 3. 掌握刻蚀(后清洗)检测相关设备	后清洗设备	2
25	刻蚀(后清洗)返工作业	1. 刻蚀(后清洗)返工生产的标准; 2. 返工生产的流程; 3. 返工片的监控标准	1. 对需要返工的硅片进行分类; 2. 按返工片的类型进行返工工艺调整	1. 掌握刻蚀(后清洗)返工生产的标准; 2. 掌握返工生产的流程; 3. 掌握返工片的监控标准	后清洗设备	2
26	PECVD 制备减反射膜原理	1. 了解等离子体概念; 2. PECVD 原理及特点; 3. SiNx 膜特点; 4. H 钝化技术; 5. PECVD 工艺流程	1. 对 PECVD 原理及作用进行描述; 2. 对 PECVD 工艺进行分析	1. 了解等离子体概念; 2. 掌握 PECVD 原理及特点; 3. 掌握 SiNx 膜特点; 4. 掌握 H 钝化技术; 5. 掌握 PECVD 工艺流程	PECVD 炉	2

续表 3-35

序号	工作任务	知识点	训练或工作项目	教学要求	教学情境与教学设计	参考学时
27	PECVD生产设备的操作及常见问题处理	1. 熟悉PECVD生产设备； 2. PECVD生产设备的安全注意事项； 3. PECVD生产设备的操作方法； 4. PECVD生产设备的常见问题	1. 对刻蚀（后清洗）生产设备进行特点描述； 2. 熟练操作PECVD生产设备； 3. 对PECVD生产常见问题进行正确处理	1. 熟悉PECVD生产设备； 2. 掌握PECVD生产设备的安全注意事项； 3. 掌握PECVD生产设备的操作方法； 4. 掌握PECVD生产设备的常见问题	PECVD炉	2
28	管式PECVD生产作业	1. 扩散车间5S标准； 2. 扩散工艺准备工作要求； 3. 载片盒、黑片盒、真空吸笔、工业酒精、无尘布和耐高温胶带等辅助工具的使用方法； 4. PECVD生产的作业流程； 5. PECVD生产的注意事项	1. 熟练使用载片盒、黑片盒、真空吸笔、工业酒精、无尘布和耐高温胶带等辅助工具； 2. 对PECVD设备软件系统进行操作； 3. 正确完成石英舟插片和卸片； 4. 正确填写生产流程单	1. 掌握PECVD生产准备工作要求； 2. 掌握载片盒、黑片盒、真空吸笔、工业酒精、无尘布和耐高温胶带等辅助工具的使用方法； 3. 掌握PECVD生产的作业流程； 4. 掌握PECVD生产的注意事项	PECVD炉	4
29	管式PECVD生产监控与常见工艺问题处理	1. PECVD生产检测内容及标准； 2. PECVD检测相关设备； 3. PECVD生产过程中常见的工艺问题	1. 独立使用PECVD检测设备； 2. 正确完成SPC统计表； 3. 按照PECVD异常情况作业指导书对异常情况进行处理	1. 掌握PECVD生产检测内容及标准； 2. 掌握PECVD检测相关设备； 3. 掌握PECVD生产过程中常见的工艺问题	PECVD炉	2

续表 3-35

序号	工作任务	知识点	训练或工作项目	教学要求	教学情境与教学设计	参考学时
30	PECVD 补镀与返工生产作业	1. PECVD 补镀作业标准； 2. PECVD 返工生产的标准； 3. PECVD 补镀生产流程； 4. 返工生产的流程； 5. PECVD 补镀监控标准； 6. 返工片的监控标准	1. 对补镀工艺进行参数设定； 2. 正确完成补镀生产过程； 3. 做好 PECVD 返工生产准备； 4. 对返工作业进行监控	1. 掌握 PECVD 补镀作业标准； 2. 掌握 PECVD 返工生产的标准； 3. 掌握 PECVD 补镀生产流程； 4. 掌握返工生产的流程； 5. 掌握 PECVD 补镀监控标准； 6. 掌握返工片的监控标准	PECVD 炉	2
31	认识丝网印刷制备电极	1. 丝网印刷的工艺流程； 2. 烧结的方法及作用	对丝网印刷工艺流程及作用进行描述	1. 掌握丝网印刷的工艺流程； 2. 掌握烧结的方法及作用	丝网印刷设备	2
32	认识烧结炉设备结构与特点	1. 烧结炉设备结构与组成； 2. 熟悉烧结炉设备软件系统操作界面； 3. 烧结炉设备常见问题及处理方法	1. 对烧结炉设备各组成系统功能进行描述； 2. 简单操作烧结炉设备软件系统主界面； 3. 识别并处理烧结炉设备常见问题	1. 掌握烧结炉设备结构与组成； 2. 熟悉烧结炉设备软件系统操作界面； 3. 掌握烧结炉设备常见问题及处理方法	丝网印刷设备	2
33	丝网印刷生产设备的操作及常见问题处理	1. 熟悉丝网印刷生产设备； 2. 丝网印刷生产设备的安全注意事项； 3. 丝网印刷生产设备的操作方法； 4. 丝网印刷生产设备的常见问题	1. 对丝网印刷生产设备进行特点描述； 2. 熟练操作丝网印刷生产设备； 3. 对丝网印刷生产常见问题进行正确处理	1. 熟悉丝网印刷生产设备； 2. 掌握丝网印刷生产设备的安全注意事项； 3. 掌握丝网印刷生产设备的操作方法； 4. 掌握丝网印刷生产设备的常见问题	丝网印刷设备	4
34	丝网印刷生产作业	1. 丝网印刷准备工作要求； 2. 浆料准备方法及使用规范； 3. 网版准备和安装的方法； 4. PECVD 生产的注意事项	1. 熟料操作丝网印刷软件系统界面； 2. 正确安装和调节回墨刀； 3. 正确安装刮条，自动调节平衡； 4. 正确上料和下料	1. 掌握丝网印刷准备工作要求； 2. 掌握浆料准备方法及使用规范； 3. 掌握网版准备和安装的方法； 4. 掌握丝网印刷生产的注意事项	丝网印刷设备	2

续表 3-35

序号	工作任务	知识点	训练或工作项目	教学要求	教学情境与教学设计	参考学时
35	烧结生产作业与监控	1. 烧结准备工作要求； 2. 烧结作业的流程； 3. 烧结生产的注意事项	1. 熟料操作烧结软件系统界面； 2. 对烧结作业进行检测监控	1. 掌握烧结准备工作要求； 2. 掌握烧结作业的流程； 3. 掌握烧结生产的注意事项	烧结炉	2
36	丝网印刷返工作业	1. 丝网印刷返工生产的标准； 2. 丝网印刷返工生产的流程； 3. 丝网印刷返工片的监控标准	1. 对需要丝网印刷返工的硅片进行分类； 2. 按返工片的类型进行返工工艺调整	1. 掌握丝网印刷返工生产的标准； 2. 掌握丝网印刷返工生产的流程； 3. 掌握丝网印刷返工片的监控标准	烧结炉	2
37	认识测试分选设备	1. 测试分选设备结构与组成； 2. 熟悉测试分选设备软件系统操作界面； 3. 测试分选设备常见问题及处理方法	1. 对测试分选设备各组成系统功能进行描述； 2. 简单操作测试分选设备软件系统主界面； 3. 识别并处理测试分选设备常见问题	1. 掌握测试分选设备结构与组成； 2. 熟悉测试分选设备软件系统操作界面； 3. 掌握测试分选设备常见问题及处理方法	I-V 测试仪	2
38	测试分选作业与监控	1. 掌握测试分选的目的； 2. 掌握测试分选准备工作要求； 3. 标准片的校准； 4. 测试分选生产的注意事项； 5. 测试分选监控标准	1. 熟练操作测试分选软件系统界面； 2. 完成重复性和差异性测试； 3. 对晶体硅太阳电池进行有效监控（如印刷质量、弯曲度、电性能等）	1. 掌握测试分选的目的； 2. 掌握测试分选准备工作要求； 3. 掌握标准片的校准； 4. 掌握测试分选生产的注意事项； 5. 掌握测试分选监控标准	I-V 测试仪	4
39	包装入库作业	1. 包装入库准备工作要求； 2. 包装入库流程； 3. 包装入库的注意事项	1. 独立准备小包装盒； 2. 对 OEM 电池片进行包装	1. 掌握包装入库准备工作要求； 2. 掌握包装入库流程； 3. 掌握包装入库的注意事项	包装入库流程	2

（二）工作任务描述（表 3-36）

根据专业课程目标和涵盖的工作任务要求，确定课程内容和要求，说明学生应获得的知识、技能与态度。

表 3-36　工作任务描述

序号	工作任务	知识要求	技能要求
1	认识硅材料	1.硅材料的物理化学性质； 2.硅材料的半导体特性	分析硅材料作为太阳电池材料的原因
2	硅锭的制备	1.多晶硅锭的制备方法； 2.单晶硅锭的拉直方法； 3.多晶硅铸锭方法； 4.单晶硅锭与多晶硅锭的性质特点	分析单晶硅锭和多晶硅锭铸锭方法的异同
3	硅片的生产	1.硅片生产流程； 2.硅片生产过程中的损伤	1.描述硅片生产流程； 2.分析硅片表面缺陷
4	认识晶硅太阳电池	1.单晶硅太阳电池结构及特点； 2.多晶硅太阳电池结构及特点	分析对比单晶硅太阳电池与多晶硅太阳电池的异同
5	硅片清洗原理及方式	1.湿法去除晶硅损伤层的原理； 2.硅片清洗原理； 3.硅片清洗工艺及特点	1.区分不同类型的硅片污染； 2.对不同类型的污染提出适合的清洗方案
6	硅片制绒工艺原理	1.各向异性腐蚀原理； 2.各向同性腐蚀原理； 3.硅片制绒后的表面特性	1.对各向同性腐蚀和各向异性腐蚀进行对比及特点描述； 2.对各向同性腐蚀液体系进行设计
7	清洗制绒设备结构与组成	1.清洗制绒设备原理结构； 2.清洗制绒设备的特点； 3.清洗制绒设备维护与保养	对清洗制绒设备进行详细描述
8	清洗制绒设备操作及常见问题处理	1.清洗制绒设备安全使用规范； 2.清洗制绒设备的操作流程； 3.清洗制绒设备的功能界面； 4.常见清洗制绒设备的故障及处理	1.识别并清洗制绒设备操作界面； 2.对常见设备问题进行处理
9	清洗制绒生产作业	1.清洗制绒生产的材料和工具； 2.清洗制绒生产流程； 3.清洗制绒岗位工作内容及要求； 4.清洗制绒生产注意事项	1.正确填写工作流程卡； 2.独立完成清洗制绒岗位准备工作； 3.独立检查来料是否有不良片； 4.正确完成硅片手动上料与下料
10	清洗制绒设备换液作业	1.清洗制绒设备换液流程； 2.清洗制绒设备换液注意事项	通过操作清洗制绒主界面完成设备换液

续表 3-36

序号	工作任务	知识要求	技能要求
11	清洗制绒生产过程监控	1. 清洗制绒生产检测内容； 2. 清洗制绒生产检测标准； 3. 清洗制绒检测相关设备	1. 独立使用清洗制绒检测设备； 2. 正确完成 SPC 统计表
12	扩散原理	1. 扩散的定义； 2. 扩散形成的条件及结的形成过程； 3. 扩散工艺的目的	对结形成过程进行描述
13	硅片扩散制结原理及特点	1. 了解硅片扩散制结生产原料； 2. 制备 PN 结的化学过程； 3. 三氯氧磷扩散工艺流程	1. 描述三氯氧磷含氧扩散的原理； 2. 能够对扩散工艺过程进行描述分析
14	认识扩散生产设备	1. 扩散设备组成； 2. 熟悉扩散设备软件系统操作界面； 3. 扩散设备常见问题及处理方法	1. 对扩散设备各组成系统功能进行描述； 2. 简单操作扩散设备软件系统主界面； 3. 识别并处理扩散设备常见问题
15	石英器件清洗及饱和作业	1. 熟悉石英器件清洗作业的原理； 2. 石英管酸液清洗过程； 3. 其他石英器件酸洗过程； 4. 石英器件饱和过程	1. 对 HF 酸损伤进行正确的处理； 2. 与他人配合操作石英器件清洗设备，完成清洗
16	三氯氧磷扩散生产作业	1. 扩散车间 5S 标准； 2. 扩散生产准备工作要求； 3. 舟叉、石英舟、石英吸笔、卸片盒等辅助工具的使用方法； 4. 扩散生产的工序流程； 5. 扩散工序的注意事项	1. 正确使用舟叉、石英舟、石英吸笔、卸片盒等辅助工具； 2. 对扩散设备软件系统进行操作； 3. 正确完成石英舟插片和卸片
17	扩散生产工艺监控	1. 认识方块电阻； 2. 认识少子寿命； 3. 方块电阻的测量方法； 4. 少子寿命的测量方法； 5. 影响方块电阻的因素； 6. 影响少子寿命的因素	1. 熟练使用四探针电阻测试仪； 2. 熟练使用少子寿命测试仪； 3. 使用正确方法测量硅片电阻和少子寿命
18	扩散设备换源作业	1. 扩散设备换源流程； 2. 换源作用注意事项	通过鼓泡实验对换源进行检测
19	扩散返工生产	1. 扩散返工生产的标准； 2. 返工生产的流程； 3. 返工片的监控标准	1. 对需要返工的硅片进行分类； 2. 按返工片的类型进行返工工艺调整

续表 3-36

序号	工作任务	知识要求	技能要求
20	刻蚀生产工艺原理	1. 了解硅片刻蚀的目的和方法； 2. 湿法刻蚀的原理	对硅片湿法刻蚀作用进行分析
21	湿法刻蚀(后清洗)生产工艺流程	1. 湿法刻蚀生产的工艺流程； 2. 生产过程中各反应槽的化学反应原理	对各反应槽中的反应及作用进行描述
22	刻蚀(后清洗)生产设备的操作及常见问题处理	1. 熟悉刻蚀(后清洗)生产设备； 2. 刻蚀(后清洗)生产设备的安全注意事项； 3. 刻蚀(后清洗)生产设备的操作方法； 4. 刻蚀(后清洗)生产设备的常见问题	1. 对刻蚀(后清洗)生产设备进行特点描述； 2. 熟练操作刻蚀(后清洗)生产设备； 3. 对生产常见问题进行正确处理
23	刻蚀(后清洗)生产作业	1. 刻蚀(后清洗)生产的工作准备； 2. RENA-InOxside 刻蚀(后清洗)设备的工艺控制； 3. 操作 RENA-InOxside 刻蚀(后清洗)设备注意事项	1. 规范完成生产前工作准备； 2. 对来片进行品质鉴定； 3. 正确完成硅片手动上料与下料； 4. 正确填写生产流程单； 5. 对生产工艺进行适当的调整
24	刻蚀(后清洗)生产过程监控	1. 刻蚀(后清洗)生产检测内容； 2. 刻蚀(后清洗)生产检测标准； 3. 刻蚀(后清洗)检测相关设备	1. 独立使用清洗制绒检测设备； 2. 正确完成 SPC 统计表
25	刻蚀(后清洗)返工作业	1. 刻蚀(后清洗)返工生产的标准； 2. 返工生产的流程； 3. 返工片的监控标准	1. 对需要返工的硅片进行分类； 2. 按返工片的类型进行返工工艺调整
26	PECVD 制备减反射膜原理	1. 了解等离子体概念； 2. PECVD 原理及特点； 3. SiNx 膜特点； 4. H 钝化技术； 5. PECVD 工艺流程	1. 对 PECVD 原理及作用进行描述； 2. 对 PECVD 工艺进行分析
27	PECVD 生产设备的操作及常见问题处理	1. 熟悉 PECVD 生产设备； 2. PECVD 生产设备的安全注意事项； 3. PECVD 生产设备的操作方法； 4. PECVD 生产设备的常见问题	1. 对刻蚀(后清洗)生产设备进行特点描述； 2. 熟练操作 PECVD 生产设备； 3. 对 PECVD 生产常见问题进行正确处理

续表 3-36

序号	工作任务	知识要求	技能要求
28	管式 PECVD 生产作业	1. 扩散车间 5S 标准； 2. 扩散工艺准备工作要求； 3. 载片盒、黑片盒、真空吸笔、工业酒精、无尘布和耐高温胶带等辅助工具的使用方法； 4. PECVD 生产的作业流程； 5. PECVD 生产的注意事项	1. 熟练使用下舟小推车、载片盒、黑片盒、真空吸笔、工业酒精、无尘布和耐高温胶带等辅助工具； 2. 对 PECVD 设备软件系统进行操作； 3. 正确完成石英舟插片和卸片； 4. 正确填写生产流程单
29	管式 PECVD 生产监控与常见工艺问题处理	1. PECVD 生产检测内容及标准； 2. PECVD 检测相关设备； 3. PECVD 生产过程中常见的工艺问题	1. 独立使用 PECVD 检测设备； 2. 正确完成 SPC 统计表； 3. 按照 PECVD 异常情况作业指导书对异常情况进行处理
30	PECVD 补镀与返工生产作业	1. PECVD 补镀作业标准； 2. PECVD 返工生产的标准； 3. PECVD 补镀生产流程； 4. 返工生产的流程； 5. PECVD 补镀监控标准； 6. 返工片的监控标准	1. 对补镀工艺进行参数设定； 2. 正确完成补镀生产过程； 3. 做好 PECVD 返工生产准备； 4. 对返工作业进行监控鉴定
31	认识丝网印刷制备电极	1. 丝网印刷的工艺流程； 2. 烧结的方法及作用	对丝网印刷工艺流程及作用进行描述
32	认识烧结炉设备结构与特点	1. 烧结炉设备结构与组成； 2. 熟悉烧结炉设备软件系统操作界面； 3. 烧结炉设备常见问题及处理方法	1. 对烧结炉设备各组成系统功能进行描述； 2. 简单操作烧结炉设备软件系统主界面； 3. 识别并处理烧结炉设备常见问题
33	丝网印刷生产设备的操作及常见问题处理	1. 熟悉丝网印刷生产设备； 2. 丝网印刷生产设备的安全注意事项； 3. 丝网印刷生产设备的操作方法； 4. 丝网印刷生产设备的常见问题	1. 对丝网印刷生产设备进行特点描述； 2. 熟练操作丝网印刷生产设备； 3. 对丝网印刷生产常见问题进行正确处理
34	丝网印刷生产作业	1. 丝网印刷准备工作要求； 2. 浆料准备方法及使用规范； 3. 网版准备和安装的方法； 4. PECVD 生产的注意事项	1. 熟料操作丝网印刷软件系统界面； 2. 正确安装和调节回墨刀； 3. 正确安装刮条和自动调节平衡； 4. 正确上料和下料

续表 3-36

序号	工作任务	知识要求	技能要求
35	烧结生产作业与监控	1. 烧结准备工作要求； 2. 烧结作业的流程； 3. 烧结生产的注意事项	1. 熟料操作烧结软件系统界面； 2. 对烧结作业进行检测监控
36	丝网印刷返工作业	1. 丝网印刷返工生产的标准； 2. 丝网印刷返工生产的流程； 3. 丝网印刷返工片的监控标准	1. 对需要丝网印刷返工的硅片进行分类； 2. 按返工片的类型进行返工工艺调整
37	认识测试分选设备	1. 测试分选设备结构与组成； 2. 熟悉测试分选设备软件系统操作界面； 3. 测试分选设备常见问题及处理方法	1. 对测试分选设备各组成系统功能进行描述； 2. 简单操作测试分选设备软件系统主界面； 3. 识别并处理测试分选设备常见问题
38	测试分选作业与监控	1. 掌握测试分选的目的； 2. 掌握测试分选准备工作要求； 3. 标准片的校准； 4. 测试分选生产的注意事项； 5. 测试分选监控标准	1. 熟练操作测试分选软件系统界面； 2. 完成重复性和差异性测试； 3. 对晶体硅太阳电池进行有效监控(如印刷质量、弯曲度、电性能等)
39	包装入库作业	1. 包装入库准备工作要求； 2. 包装入库流程； 3. 包装入库的注意事项	1. 独立准备小包装盒； 2. 对 OEM 电池片进行包装

三、课程实施建议

(一)教学建议

课程主要在实训中心开展，内容根据岗位技能分为多个相对独立的模块。与对应的岗位技能要求相结合，将课程内容分为若干个相对独立、同时有机联系的典型企业真实任务(案例)。教学内容即以这些相对独立的子项目开展，每一个子项目都有与企业标准相对应的考核标准。

(二)教学基本条件

专业教师应具备企业实际工作经历或有实习经历，熟悉生产现场真实情况，能够将企业相关岗位技能要求和相关信息传递给学生。同时，教师应该具备一定的科研能力，能够对生产工艺有所研究。

(三)教材选用与编写

本门课程选用《晶体硅太阳电池工艺》(段春艳、班群、冯源主编，化学工业出版社于 2018 出版)，教材内容与现阶段晶体硅太阳电池生产相适应，能够反映现实生产情况。

（四）课程资源的开发与利用

教辅材料主要包括太阳电池生产工艺相关书籍，如《光伏电池制备工艺》（张存彪、黄建华主编，化学工业出版社于2012年出版）、《光伏电池原理与工艺》（罗玉峰主编，中央广播电视大学出版社于2011年出版）等；实训指导手册依据企业作业指导书编制而成，能够真实反应实际操作；网络资源主要有相关网络视频课程和网络学习资料；仿真软件是由澳大利亚悉尼新南威尔士大学光伏研究中心开发的PCID太阳电池模拟软件，能够对太阳电池生产工序不同工艺进行模拟。

四、教学评价

（1）学业评价：学生考试成绩，统一采用百分制，期末考试采用闭卷考试，占60%～70%，平时成绩占30%～40%（含作业、提问、课堂讨论、测验、实验、实习、出勤、听课的学习态度等），具体比例在教学大纲中规定。评定学生考查课程的成绩，可采用等第评分制，一般分优、良、及格和不及格。

（2）过程和目标评价相结合，结合课堂提问、现场操作、模块考核等手段，加强实践性教学环节的考核，注重平时采分。注重考核学生所拥有的综合职业能力及水平，在教学中分任务领域评分，课程结束时进行综合考核。突出阶段评价、目标评价、理论与实践一体化评价。关注评价的多元性。

期末考核方式可以采用线上测试试卷＋综合项目考核、线下实操考核或具有课程特点的其他考核方式。

证书示例见图3-13。

五、教材及参考资料

（一）教辅材料

晶硅太阳电池生产工艺课程必须有相应的教辅材料。教辅材料的开发应根据实训教学大纲选用或编写，要对课程中的工序名称、内容、学时、设施、操作规程、注意事项、实训结果、数据处理等做出明确规定。

（二）教材选用与编写

本门课程选用《晶体硅太阳电池生产工艺》（段春艳、班群、冯源主编），教材内容与现阶段太阳电池生产相适应，能够反映现实生产情况。

（三）课程资源的开发与利用

教辅材料主要包括太阳电池生产相关书籍。太阳电池生产实训指导手册应随人才培养方案和实训教学大纲的变化作相应修订。

（四）工学结合

根据太阳电池生产工艺课程的特点，与相关光伏企业联系，合理地安排学生到尽可能专业对口的岗位上参加工学结合下厂实习。为学生提供了包括专业技能和综合能力两方面能力培养的实践环境，使学生在真实的环境下进行岗位实践，培养学生解决生产实际和工程项目中实际问题的技术及管理能力，取得实际工作经验，

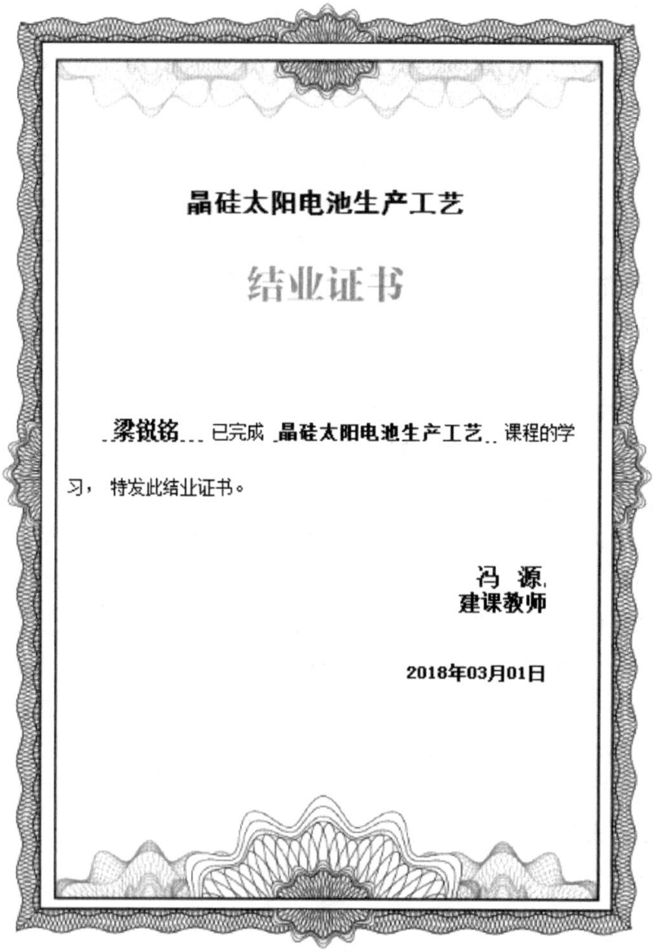

晶硅太阳电池生产工艺

结业证书

梁锐铭 已完成 晶硅太阳电池生产工艺 课程的学习，特发此结业证书。

冯 源
建课教师

2018年03月01日

图 3-13　晶硅太阳电池生产工艺课程结业证书

培养团队协作精神，群体沟通技巧，组织管理能力和领导艺术才能等个人综合素质，为学生今后从事各项工作打下基础。

学校也安排教师到企业下厂学习，使教师的实践教学能力得以提升，教师可以根据在工厂里面的学习经历与企业开发“厂中校”课程资源，更好地为学生和企业服务。

（五）网络资源

网络资源可以作为学生从事课程学习活动的辅助性工具。为此，老师可以引导学生积极有效地将网络资源用于学习活动之中。例如，借助网络资源查阅太阳电池的知识及生产方法、注意事项等。

（六）仿真软件

使用有效的仿真软件绘制太阳电池的结构、呈现抽象对象的直观背景，使学生加深对相关教学内容的理解，帮助学生形成解决问题的基本策略和方法等。

3.2.9　单片机基础与应用课程标准

中高职衔接光伏工程技术专业
单片机基础与应用课程标准

适用对象：中高职贯通五年制
适用专业：光伏工程技术专业
课程类别：岗位主干领域课程
修课方式：必修
教学时数：90
总学分：8.0（按四舍五入的原则，每16课时为1学分计算）
合作企业：广东三晶电器公司

一、课程的性质和任务

（一）课程定位

单片机技术是现代电子工程领域一门飞速发展的技术，其在教学及产业界的技术推广仍然是当今科学技术发展的热点。学习单片机并掌握其设计应用技术已经成为电子类专业的学生必须掌握的一门技术，也是现代工科学生就业的一个基本条件。单片机基础与应用是光伏工程技术、应用电子技术、电气自动化等专业的一门专业能力课。

通过本课程的学习，掌握单片机技术及其在工业控制、经济建设和日常生活中的应用，培养实践能力、创新能力和新产品设计开发能力，为将来从事应用电子产品的设计、检测奠定坚实的基础。将本课程的教学活动分解设计成若干项目或工作情景，以项目为单位组织教学，并以典型设备为载体，通过具体案例，按单片机项目实施的顺序逐步展开，让学员在掌握技能的同时，引出相关专业理论知识，使学生在技能训练过程中加深对专业知识、技能的理解和应用，培养学生的综合职业能力，满足学生职业生涯发展的需要。

（二）学习领域目标

通过学习单片机基础与应用，使学生掌握以下专业能力、方法能力、社会能力等目标。

1. 专业能力目标

(1)会进行项目开发，能绘制较简单的应用控制电路并进行仿真；
(2)掌握Keil软件开发环境的使用，能完成程序的编辑、编译、调试、下载；
(3)能较完整地掌握单片机应用系统的开发过程和操作步骤；
(4)会利用相关手册和网络资源，提高自学能力和在学习能力。

2. 方法能力目标

(1)具有一定的独立分析、设计、实施、评估的能力；

(2)具有获取、分析、归纳、交流知识和新技术的能力；

(3)具有自学能力、理解能力与表达能力；

(4)具有将知识与技术综合运用的能力；

(5)具有团队协作的能力。

3. 社会能力目标

(1)掌握技术人员的基本实践技能，能从整个系统的角度去解决问题，提高职业基本素质，为以后进一步发展打下基础。

(2)获取资讯和归纳总结、方案表达的能力、沟通与合作能力。

(3)具有责任意识、创新意识、质量意识、成本意识。

(4)良好的工作习惯，包括在技术文档管理、电路图绘制、编程、安装、焊接、调试等工作中按规范操作的习惯。

(三)前导课程

计算机基础、数字电子技术、模拟电子技术。

(四)后续课程

电力电子技术、光伏应用产品设计与实践。

二、课程内容标准

(一)工作任务划分及学时分配(表 3-37)

表 3-37　工作任务划分及学时分配表

序号	工作任务	知识点	训练或工作项目	教学要求	教学情境与教学设计	参考学时
1	控制单个LED闪烁	1. 了解单片机基本知识； 2. 了解基本电子知识，会Keil软件的简单使用； 3. 认识LED	1. 使用Keil编写程序； 2. 使用Proteus设计仿真电路图； 3. 编写程序控制单个LED闪烁	1. 学会认识单片机的各个部分及其功能； 2. 学会使用软件和单片机点亮一个发光管	单片机的初步认识	12
2	设计和制作广告灯	1. 单片机的I/O接口； 2. 单片机的存储器； 3. 延时程序； 4. 相关指令介绍	1. 硬件电路制作； 2. 广告灯的花样显示	1. 会设计多个彩灯闪烁程序； 2. 会设计软件延时程序； 3. 了解单片机的I/O接口	指令系统的学习及应用	18

续表 3-37

序号	工作任务	知识点	训练或工作项目	教学要求	教学情境与教学设计	参考学时
3	设计与制作计时器	1. 数码管基础知识； 2. 相关指令介绍	1. 数码管静态显示字符； 2. 数码管动态显示字符； 3. 0～59s计时器实现	1. 掌握数码管显示程序设计方法； 2. 掌握数码管与单片机间的接口电路； 3. 了解数码管的结构与工作原理	数码管的应用	18
4	设计与制作报警器及抢答器	1. 中断的概念与功能； 2. 中断系统； 3. 中断编程； 4. 定时器的工作方式及控制方法	1. 报警器的设计与制作； 2. 抢答器的设计与制作	1. 掌握报警器及抢答器的程序设计方法； 2. 掌握中断处理程序的设计方法； 3. 理解中断的有关知识； 4. 掌握中断有关特殊功能寄存器的使用方法	中断和定时器的应用	26
5	设计与制作点阵显示电路——点阵	1. 8×8 点阵的结构及原理； 2. LED 点阵显示方式 74LS154/74HC154 译码器	1. 8×8 点阵显示字符； 2. 16×16 点阵显示汉字“单片机仿真”	1. 掌握 LED 点阵显示的扫描方式； 2. 掌握 8×8 和 16×16 汉字显示电路的程序设计		26
6	设计与制作液晶显示屏控制电路	1. 1602 液晶显示屏； 2. DM12864 点阵液晶显示器	1. 利用 1602 液晶显示屏显示字符； 2. 利用 12864 液晶显示屏显示字符	1. 会设计两款液晶显示屏的控制程序； 2. 会连接液晶屏控制电路； 3. 熟悉两款液晶显示屏的指令功能； 4. 掌握两款液晶显示屏的引脚特性	液晶显示屏的应用	26

(二)工作任务描述(表 3-38)

根据专业课程目标和涵盖的工作任务要求，确定课程内容和要求，说明学生应获得的素质、知识与能力。

表 3-38　工作任务描述

序号	工作任务	知识要求	技能要求
1	控制单个LED闪烁	1. 51 单片机简介； 2. 单片机的外部引脚； 3. 单片机的时钟、复位电路； 4. 单片机开发系统； 5. 单片机的内部结构； 6. 单片机的存储器结构； 7. 单片机的并行 I/O 接口； 8. C51 的数据类型、常量、变量； 9. C51 的运算符和表达式； 10. C51 程序的基本语句	使用软件和单片机点亮一个发光管
2	设计和制作广告灯	1. 数组； 2. LED 数码显示； 3. LED 点阵显示技术； 4. LCD 液晶显示器； 5. 独立式按键； 6. 矩阵式按键	1. 会设计多个彩灯闪烁程序； 2. 会设计软件延时程序
3	设计与制作计时器	1. 数码管基础知识； 2. 相关指令介绍	会设计指令使数码管工作
4	设计与制作报警器及抢答器	1. 中断的概念与功能； 2. 中断系统； 3. 中断编程； 4. 定时器的工作方式及控制方法	会设计与制作报警器
5	设计与制作点阵显示电路——点阵	1. 8×8 点阵的结构及原理； 2. LED 点阵显示方式 74LS154/74HC154 译码器	会根据程序设计与制作8×8 和 16×16 点阵
6	设计与制作液晶显示屏控制电路	1. 1602 液晶显示屏； 2. DM12864 点阵液晶显示器	设计两款液晶显示屏的控制程序，连接液晶屏，控制电路

三、课程实施建议

（一）教材选用与编写

1. 鉴于单片机技术的发展，考虑到程序的可移植性和今后的发展方向以嵌入式方向为主，编程语言应以 C 语言为主。

2. 教材应充分体现任务引领、实践导向的课程设计思想，力求“做中学、学中做”。

3. 教材应将本专业职业活动，分解成若干典型的工作项目，按完成工作项目的需要和实践操作规程，结合工厂企业实践组织教材内容。要通过对项目的技能操作，引入必需的理论知识，通过实践实操，体现理论在实践过程中的应用。

4. 教材应图文并茂，提高学生的学习兴趣，以加深学生对单片机的认识。教材表达必须条理清晰，内容精炼、准确、科学，便于学生自学。

5. 教材内容应体现先进性、通用性、实用性，要将本专业新技术、新技能、新设备及时地纳入教材，使教材更贴近本专业的发展和实际需要。

6. 教材中的活动设计要针对高职学生的特点，内容要具体，并具有可操作性。

（二）教学建议

1. 在教学过程中，应立足于加强学生实际操作能力的培养，采用项目教学，以工作任务引领，提高学生学习兴趣，激发学生的成就动机。

2. 本课程教学采用理论实践一体化的教学方法，在完成相关实验或训练项目的过程中学习有关的技术知识，重点在于实践的强化学习。

3. 在教学过程中，立足于加强学生实际操作能力的培养，通过项目训练提高学生学习兴趣，激发学生的成就感，每个项目的实施可采用小组合作学习的方法，强化学生的团队协作精神。

4. 在教学过程中，要尽量应用多媒体、投影等教学资源辅助教学，帮助学生理解相关操作的工作过程。

5. 在教学过程中要多多联系以前所学知识，如 C 语言编程。要认真培养学生的整体设计思想，让学生能独立设计电路系统。

6. 在教学过程中，要重视本专业领域的发展趋势，贴近生产现场，积极引导学生设计实用新型的电路系统。为学生提供职业生涯发展的空间，努力培养学生参与社会实践的创新精神和职业能力。

（三）教学基本条件

1. 担任本课程的专任教师须具备的条件

（1）师德、学历和教学水平符合“学校教师任职资格”要求；

（2）担任本课程教学辅导或实验实训辅导一年以上；

（3）具有单片机开发工作经验。

2. 教学环境须具备的条件

（1）配备单片机实训场室 1 个；

（2）亚龙单片机设备 24 套。

四、教学评价

1. 改革传统的学生评价方法，采用阶段（过程性）评价，目标评价，项目评价，随堂考试方式进行。理论与实践一体化评价模式。

2. 实施评价主体的多元化，采用教师评价、学生自我评价、社会评价相结合的评价方法。

3. 具体的评价手段可以采用观察、现场操作、系统设计报告、闭卷或开卷测试等。

4.评价重点为学生的动手能力和实践中分析问题、解决问题的能力(及创新能力),对在学习和应用上有创新的学生应予特别鼓励。

五、教材及参考资料

为配合本课程的教学,除教材、实训指导书外,还应为学生自学提供其他各类资源,如 Proteus 仿真软件、单片机外围硬件电路图、单片机实训板、单片机开发小套件等。

3.2.10　电子产品工艺实训课程标准

中高职衔接光伏工程技术专业
电子产品工艺实训课程标准

适用对象:中高职贯通五年制

适用专业:光伏工程技术专业

课程类别:岗位主干领域课程

修课方式:必修

教学时数:72

总学分:4.5(按四舍五入的原则,每 16 课时为 1 学分计算)

合作企业:广东三晶电器公司

一、课程的性质和任务

(一)课程定位

本课程是光伏工程技术专业的一门专业基础课程,是一门基于职业能力分析,以模拟电子电路为载体,将典型模拟电路设计、调试与应用有机融合的理论性、实践性都较强的课程。

本课程的任务是使学生掌握电子技术方面的基本理论和基本知识,为学习后续专业课准备必要的知识,并为从事有关实际工作奠定必要的基础。将本课程的教学活动分解设计成若干项目或工作情景,以项目为单位组织教学,并以典型设备为载体,通过具体案例,让学生在掌握技能的同时,引出相关专业理论知识,使学生在技能训练过程中加深对专业知识、技能的理解和应用。通过项目训练,使学生具备识别与选用元器件的能力;电路识图与绘图的能力;对电子电路进行基本分析、计算的能力;对典型电路进行设计、调试、检测与维修的职业能力和职业素养。通过逻辑思维能力训练,培养学生独立分析问题和解决问题的能力、自主学习能力,训练学生的创新能力。

(二)学习领域目标

通过学习电子产品工艺实训,使学生掌握以下专业能力、方法能力、社会能力等目标。

1. 专业能力目标

(1)会常用电子元器件的识别和选用;

(2)会基本电路的焊接与调试;

(3)会集成稳压电源电路的设计;

(5)会三极管多谐振荡器的设计;

(6)会单结晶体管触发调压电路的设计;

(7)会 NE555、CD4011、PIS209D、BISS0001、LM324 和 CD4017 的基本知识和运用。

2. 方法能力目标

(1)具有一定的独立分析、设计、实施、评估的能力;

(2)具有获取、分析、归纳、交流知识和新技术的能力;

(3)具有自学能力、理解能力与表达能力;

(4)具有将知识与技术综合运用的能力;

(5)具有团队协作的能力。

3. 社会能力目标

(1)具备根据任务主动学习的意愿和能力。

(2)能够在完成任务过程中自觉遵守相关的各项规定,按相应操作规程进行操作,保证操作安全。

(3)能够在任务完成过程中发现问题、分析问题,并努力解决问题。

(三)前导课程

计算机基础、数字电子技术、模拟电子技术。

(四)后续课程

光伏应用产品设计与实践。

二、课程内容标准

(一)工作任务划分及学时分配(表 3-39)

表 3-39 工作任务划分及学时分配表

序号	工作任务	知识点	训练或工作项目	教学要求	教学情境与教学设计	参考学时
1	常用元器件的湿度与检测	1. 了解电阻和发光二极管的基本知识; 2. 了解电阻和发光二极管的检测	使用外用表检测	学会电阻和发光二极管的基础知识	常用元器件的初步认识	6

续表 3-39

序号	工作任务	知识点	训练或工作项目	教学要求	教学情境与教学设计	参考学时
2	手工焊接	1. 对电烙铁的初步认识； 2. 了解电路板的焊点与焊接	简易电路板的焊接实际操作	1. 学会电烙铁的使用方法； 2. 学会简易电路的焊接与调试	电路焊接的基本认识	6
3	电容器充放电延时电路的焊接与调试	1. 认识电容的种类； 2. 了解电容的检测； 3. 了解充放电路的焊接调试	1. 电容器的检测； 2. 充放电路的焊接调试实际操作	1. 掌握电容的基本知识； 2. 学会充放电路的焊接与调试操作	电容的应用，充放电路的焊接知识	6
4	光控电路的焊接与调试	1. 掌握光敏电阻的基本知识； 2. 了解光控电路的焊接与调试工作	光控电路的焊接与调试实际操作	1. 学会光敏电阻的应用； 2. 学会光控电路的焊接与调试	光敏电阻的应用	6
5	防空报警电路的焊接与调试	1. 掌握三极管的基本知识； 2. 了解发声器件的运用	1. 电路的焊接与调试； 2. 三极管的识别与检测	学会三极管的基本知识与识别检测	三极管的应用	6
6	整流滤波电路的焊接与调试	1. 了解整流滤波电路； 2. 认识示波器的运用； 3. 了解变压器基本知识	1. 整流滤波电路的焊接与调试实际操作； 2. 示波器运用实际操作	1. 学会整流电路的基本原理； 2. 学会示波器的运用； 3. 了解变压器的基本原理	示波器与变压器的应用，整流电路的初步认识	6
7	集成稳压电路的焊接与调试	1. 了解集成稳压电路的原理； 2. 掌握三端稳压器的基本知识	1. 集成稳压电路的焊接调试实际操作； 2. 直流稳压电源的焊接与调试实际操作	1. 学会集成稳压电路的分析运用； 2. 掌握直流稳压电源的原理与运用	三端集成稳压器的运用	4
8	三极管多谐振荡器的焊接与调试	1. 了解无稳态电路的原理； 2. 了解电路的分析方法	无稳态电路的安装与调试实际操作	学会无稳态电路的基本原理与分析方法	无稳态电路的初步认识	4

续表 3-39

序号	工作任务	知识点	训练或工作项目	教学要求	教学情境与教学设计	参考学时
9	单结晶体管触发调压电路的焊接与调试	1. 了解晶体管的基本知识； 2. 了解单结晶体管的基本知识； 3. 了解稳压二极管的基本知识	单结晶体管触发调压电路的焊接与调试实际操作	1. 掌握晶闸管、单结晶体管和稳压二极管的基本知识； 2. 学会单结晶体管触发调压电路的分析	晶闸管、单结晶体管和稳压二极管的应用	4
10	叮咚门铃电路的焊接与调试	1. 了解元器件的识别与检测； 2. 了解 NE555 的引脚排列和功能	电路的安装与调试实际操作	1. 学会元器件的识别与检测； 2. 掌握 NE555 的基本知识	NE555 的初步应用	4
11	声光控制灯光电路的焊接与调试	1. 了解 NE555 的作用； 2. 了解单稳态触发电路的特点	单稳态触发电路的实际操作	1. 掌握 NE555 的作用； 2. 掌握单稳态触发电路的特点与分析方法	NE555 的深入认识与运用	4
12	声光控楼道灯电路	了解 CD4011 芯片的基本知识	声光控楼道灯电路的焊接调试实际操作	掌握 CD4011 芯片的知识	CD4011 的应用	4
13	门禁自动控制电路的焊接与调试	1. 了解 PIS209D 芯片的基本知识； 2. 了解 BISS0001 芯片的基本知识	门禁自动控制电路的焊接调制实际操作	掌握 PIS209D 和 BISS0001 的基本知识	PIS209D 和 BISS0001 的应用	4
14	波形发生器电路的焊接与调试	了解 LM324 芯片的基本知识	波形发生器电路的焊接与调试实际操作	掌握 LM324 的基本知识	LM324 的应用	4
15	光控流水灯的焊接与调试	1. 了解 CD4017 的基本知识； 2. 了解 NE555 的基本知识	光控流水灯的焊接与调试实际操作	掌握 CD4017 和 NE555 的基本知识	CD4017 和 NE555 的应用	4
合计						72

（二）工作任务描述（表 3-40）

根据专业课程目标和涵盖的工作任务要求，确定课程内容和要求，说明学生应获得的素质、知识与能力。

表 3-40　工作任务描述

序号	工作任务	知识要求	技能要求
1	常用元器件的湿度与检测	1. 了解电阻和发光二极管的基本知识； 2. 了解电阻和发光二极管的检测	使用万用表检测电阻和发光二极管的性能
2	手工焊接	1. 对电烙铁的初步认识； 2. 了解电路板的焊点与焊接	采用电烙铁焊接简易电路
3	电容器充放电延时电路的焊接与调试	1. 认识电容的种类的参数； 2. 了解电容的检测； 3. 了解充放电路的焊接调试	会电容器充放电电路的焊接与检测
4	光控电路的焊接与调试	1. 掌握光敏电阻的基本知识； 2. 了解光控电路的焊接与调试工作	会焊接与调试光控电路
5	防空报警电路的焊接与调试	1. 了解三极管的基本知识； 2. 了解发声器件的运用	会识别与检测三极管
6	整流滤波电路的焊接与调试	1. 了解整流滤波电路； 2. 了解示波器的运用； 3. 了解变压器基本知识	会用示波器开展整流滤波电路的调试
7	集成稳压电路的焊接与调试	1. 了解集成稳压电路的原理； 2. 了解三端稳压器的基本知识	1. 会焊接调试集成稳压电路； 2. 会焊接与调试直流稳压电源
8	三极管多谐振荡器的焊接与调试	1. 了解无稳态电路的原理； 2. 了解电路的分析方法	会安装与调试无稳态电路
9	单结晶体管触发调压电路的焊接与调试	1. 了解晶体管的基本知识； 2. 了解单结晶体管的基本知识； 3. 了解稳压二极管的基本知识	会焊接与调试单结晶体管触发调压电路
10	叮咚门铃电路的焊接与调试	1. 了解元器件的识别与检测； 2. 了解 NE555 的引脚排列和功能	会识别元器件，并安装与调试包含 NE555 的电路
11	声光控制灯光电路的焊接与调试	1. 了解 NE555 的作用； 2. 了解单稳态触发电路的特点	会分析单稳态触发电路
12	声光控楼道灯电路	了解 CD4011 芯片的基本知识	会焊接调试声光控楼道灯电路

续表 3-40

序号	工作任务	知识要求	技能要求
13	门禁自动控制电路的焊接与调试	1. 了解 PIS209D 芯片的基本知识； 2. 了解 BISS0001 芯片的基本知识	会焊接调制门禁自动控制电路
14	波形发生器电路的焊接与调试	了解 LM324 芯片的基本知识	会焊接与调试波形发生器电路
15	光控流水灯的焊接与调试	1. 了解 CD4017 的基本知识； 2. 了解 NE555 的基本知识	会焊接与调试光控流水灯

三、课程实施建议

（一）教材选用与编写

1. 教材应充分体现任务引领、实践导向的课程设计思想，力求“做中学、学中做”。

2. 教材应将本专业职业活动，分解成若干典型的工作项目，按完成工作项目的需要和实践操作规程，结合工厂企业实践组织教材内容。要通过对项目的技能操作，引入必需的理论知识，通过实践实操，体现理论在实践过程中的应用。

3. 教材应图文并茂，提高学生的学习兴趣，以加深学生对电子技术的认识。教材表达必须条理清晰，内容精炼、准确、科学，便于学生自学。

4. 教材内容应体现先进性、通用性、实用性，要将本专业新技术、新技能、新设备及时纳入教材，使教材更贴近本专业的发展和实际需要。

5. 教材中的活动设计要针对中高职学生的特点，内容要具体，并具有可操作性。

（二）教学建议

1. 在教学过程中，应立足于加强学生实际操作能力的培养，采用项目教学，以工作任务引领，提高学生学习兴趣，激发学生的成就动机。

2. 本课程教学采用理论实践一体化的教学方法，在完成相关实验或训练项目的过程中学习有关的技术知识，重点在于实践的强化学习。

3. 在教学过程中，立足于加强学生实际操作能力的培养，通过项目训练提高学生学习兴趣，激发学生的成就感，每个项目的实施可采用小组合作学习的方法，强化学生的团队协作精神。

4. 在教学过程中，要尽量应用多媒体、投影等教学资源辅助教学，帮助学生理解相关操作的工作过程。

5. 在教学过程中要多多联系以前所学知识，认真培养学生的整体设计思想，让学生能独立设计电路系统。

6. 在教学过程中，要重视本专业领域的发展趋势，贴近生产现场，积极引导学生设计实用新型的电路系统。为学生提供职业生涯发展的空间,努力培养学生参与社会实践的创新精神和职业能力。

(三)教学基本条件

1.担任本课程的专任教师须具备的条件

(1)师德、学历和教学水平符合“学校教师任职资格”要求;

(2)担任本课程教学辅导老师或实验实训辅导老师一年以上;

(3)电子技术知识扎实。

2.教学环境须具备的条件

(1)配备与课程相关的实训室;

(2)配备相应的电路实训板。

四、教学评价

1.改革传统的学生评价方法,采用阶段(过程性)评价、目标评价、项目评价、随堂考试方式进行。采用理论与实践一体化的评价模式。

2.实施评价主体的多元化,采用教师评价、学生自我评价、社会评价相结合的评价方法。

3.具体的评价手段可以采用观察、现场操作、系统设计报告、闭卷或开卷测试等。

4.评价重点为学生的动手能力和实践中分析问题、解决问题的能力(及创新能力),对在学习和应用上有创新的学生应予特别鼓励。

五、教材及参考资料

教学中,应认真研究教学内容,认真选材,切实做到教学内容必需、够用、实用。如果学时不够的话,按照本课程标准适当删减内容,以强化技能训练,培养学生实际解决问题的能力为主。

为配合本课程的教学,除教材、实训指导书外,还应为学生自学提供其他各类资源,如硬件电路图、相应电路实训板等。

3.2.11 新能源利用与开发课程标准

中高职衔接光伏工程技术专业
新能源利用与开发课程标准

适用对象:高职三年制

适用专业:新能源类专业

课程类别:岗位主干领域课程

修课方式:必修

教学时数:36

总学分:2.0(按四舍五入的原则,每16课时为1学分计算)

一、课程的性质和任务

(一)课程定位

新能源利用与开发是高职三年制新能源类专业的一门公共平台课程。为后续课程晶硅太阳电池生产工艺、光伏组件生产技术、太阳能光伏发电技术、并网光伏技术等课程的学习提供了一个系统的体系,使学生了解新能源的种类、光伏产业的发展现状、其中的各个产业链环节的流程等,为学习专业核心课打下一定的基础。课程任务:掌握太阳能发电技术原理,风能发电技术原理,了解氢能、生物质能和其他新能源的应用技术原理。

本课程注重培养分析问题、解决问题的能力,强化学生动手实践能力,遵循学生认知规律,紧密结合新能源类专业的发展需要,为将来从事新能源类产业如风能发电、光伏发电等奠定基础。将本课程的教学活动分解设计成若干项目或工作情景,以项目为单位组织教学,并以典型课题为载体,通过具体案例,引出新能源相关产业的发展及专业理论知识,使学生在项目课题的训练过程中加深对专业知识、技能的理解和应用,树立专业学习目标,培养学生的综合职业能力,满足学生职业生涯发展的需要。

(二)学习领域目标

1.专业能力目标

(1)了解发展新能源的意义,国内外的新能源技术及产业发展现状;

(2)了解太阳能资源的利用现状;

(3)了解生物质能应用现状;

(4)了解风能资源利用现状,风力发电技术及应用现状;

(5)了解氢能利用现状,氢能的储存及氢能应用安全知识;

(6)了解核能利用现状,商用核能发电技术及应用现状,未来的核能技术;

(7)了解主要的新能源材料种类及主要性能;

(8)了解地热能、海洋能等新能源应用技术现状;

(9)掌握新能源的基本概念、能源及其分类;

(10)掌握太阳能热利用和太阳能光伏发电应用原理等;

(11)掌握风能利用原理;

(12)掌握生物质能利用的各种技术原理及现状;

(13)掌握氢能制取的各种技术原理;

(14)掌握新型核能利用原理。

2.方法能力目标

在本课程的教学环节中应注重职业素养的培养,包括:

(1)获取资讯和归纳总结、方案表达的能力,沟通与合作能力;

(2)责任意识、创新意识、质量意识、成本意识;

(3)良好的工作习惯,包括在技术文档管理等工作中按规范操作的习惯。

3.社会能力目标

(1)能够根据项目需要查阅新能源相关的技术资料与文献;

(2)能够完成简单的新能源技术实验,完成技术报告;

(3)有一定的逻辑思维能力,有较强的分析问题和解决问题的能力,对电子和光伏技术相关知识有一定的兴趣和爱好。

(三)后续课程

太阳电池原理与生产工艺、风能发电利用技术,太阳能发电技术等。

二、课程内容标准

(一)工作任务划分及学时分配(表3-41)

表3-41 工作任务划分及学时分配表

序号	工作任务	知识点	训练或工作项目	教学要求	教学情境与教学设计	参考学时
1	新能源分类及技术发展	1.能源的基本概念与分类; 2.新能源的概念及分类; 3.新能源相关技术的发展现状	国内外新能源发展现状的调研	1.了解能源、新能源的基本概念,能源的分类,主要的新能源技术; 2.了解新能源相关技术的发展现状	在当前的环境与能源结构下,是否有必要发展新能源	2
2	太阳能利用与开发技术	1.太阳辐射的基本知识; 2.太阳能利用的主要形式; 3.太阳能热利用技术; 4.太阳能光伏发电技术	一段时间太阳辐射的测量,绘制太阳辐射曲线,完成实验报告	1.了解太阳能资源的利用现状; 2.掌握太阳能热利用原理; 3.掌握光伏发电基本原理; 4.了解太阳辐射相关的参数及概念	如何有效地利用太阳资源,给出相关的技术报告	8
3	生物质能利用与开发技术	1.生物质能概念及基本知识; 2.生物质能的各种利用技术; 3.生物质气化技术; 4.生物质热解技术; 5.生物燃料乙醇; 6.生物柴油、沼气技术	根据生物质能利用技术,查阅文献,撰写生物质能应用技术报告	1.了解生物质能资源利用现状; 2.掌握生物质能发电技术及应用现状; 3.掌握生物质能利用原理	当前能源结构下,如何有效地利用生物质能,请给出基本方案和典型案例	4

续表 3-41

序号	工作任务	知识点	训练或工作项目	教学要求	教学情境与教学设计	参考学时
4	风能利用与开发技术	1. 风能相关基本概念； 2. 风能利用原理； 3. 风力发电技术； 4. 风力发电系统的组成及运行	根据风能利用技术，查阅文献，撰写风能应用技术报告	1. 了解风能资源利用现状； 2. 掌握风力发电技术及应用现状； 3. 掌握风能利用原理	当前能源结构下，如何有效地利用风能，请给出基本方案	6
5	氢能利用与开发技术	1. 氢能相关基本概念； 2. 氢能制取原理； 3. 氢能利用技术； 4. 氢能储存及氢能安全	查阅文献，撰写氢能应用技术报告	1. 了解氢能资源利用现状； 2. 氢能制取技术及应用现状； 3. 掌握氢能存储原理	当前能源结构下，如何有效地利用氢能，请给出基本方案	4
6	燃料电池利用与开发技术	1. 燃料电池原理； 2. 燃料电池系统； 3. 各类燃料电池制备技术； 4. 燃料电池的应用	查阅文献，撰写目前主要的燃料电池制备技术报告	1. 了解燃料电池的种类及应用现状； 2. 燃料电池制备技术及应用现状； 3. 掌握燃料电池原理及应用技术	当前能源结构下，燃料电池技术及现状，请给出基本方案	4
7	核能利用与开发技术	1. 核能相关基本概念； 2. 原子核物理基础及核能应用原理； 3. 核反应堆技术； 4. 未来核能技术	查阅文献，撰写核能应用技术报告	1. 了解核能利用现状； 2. 核反应堆技术及应用现状； 3. 掌握核能应用基本原理	当前能源结构下，如何有效地利用核能，请给出基本方案	4
8	其他新能源利用与开发技术	1. 地热能源利用技术； 2. 海洋能利用技术； 3. 可燃冰利用	查阅文献，撰写目前主要的海洋能利用技术报告	1. 了解地热能利用现状； 2. 了解海洋能应用现状； 3. 了解可燃冰应用技术	当前能源结构下，各种新能源如何有效地结合利用，请给出基本方案	4

（二）工作任务描述（表 3-42）

根据专业课程目标和涵盖的工作任务要求，确定课程内容和要求，说明学生应获得的素质、知识与能力。

表 3-42 工作任务描述

序号	工作任务	知识要求	技能要求
1	新能源分类及技术发展	1. 能源的基本概念与分类； 2. 新能源的概念及分类； 3. 新能源相关技术的发展现状	国内外新能源发展现状的调研
2	太阳能利用与开发	1. 太阳辐射的基本知识； 2. 太阳能利用的主要形式； 3. 太阳能热利用技术； 4. 太阳能光伏发电技术	一段时间太阳辐射的测量，绘制太阳辐射曲线，完成实验报告
3	生物质能利用与开发	1. 生物质能概念及基本知识； 2. 生物质能的各种利用技术； 3. 生物质气化技术； 4. 生物质热解技术； 5. 生物燃料乙醇； 6. 生物柴油、沼气技术	根据生物质能利用技术，查阅文献，撰写生物质能应用技术报告
4	风能利用与开发	1. 风能相关基本概念； 2. 风能利用原理； 3. 风力发电技术； 4. 风力发电系统的组成及运行	根据风能利用技术，查阅文献，撰写风能应用技术报告
5	氢能利用与开发	1. 氢能相关基本概念； 2. 氢能制取原理； 3. 氢能利用技术； 4. 氢能储存及氢能安全	查阅文献，撰写氢能应用技术报告
6	燃料电池利用与开发	1. 燃料电池种类； 2. 燃料电池原理； 3. 燃料电池制备技术； 4. 燃料电池的应用	查阅文献，撰写目前主要的燃料电池制备技术报告
7	核能利用与开发	1. 核能相关基本概念； 2. 原子核物理基础及核能应用原理； 3. 核反应堆技术； 4. 未来核能技术	查阅文献，撰写核能应用技术报告
8	其他新能源利用与开发	1. 地热能源利用技术； 2. 海洋能利用技术； 3. 可燃冰利用	查阅文献，撰写目前主要的海洋能利用技术报告

三、课程实施建议

(一)教材选用与编写

同3.2.2节离网光伏发电系统设计与施工课程标准的教材选用与编写。

(二)教学建议

同3.2.2节离网光伏发电系统设计与施工课程标准的教学建议。

(三)教学基本条件

1.担任本课程的专任教师须具备的条件

(1)师德、学历和教学水平符合“学校教师任职资格”要求;

(2)担任本课程教学辅导老师或实验实训辅导老师一年以上;

(3)具有新能源相关产业工作经验;

(4)具有信息化教学能力;

(5)具有与本课程相关的知识、技术技能和创新能力。

2.教学环境须具备的条件

(1)配备与课程相关的实训室;

(2)具备互联网接入环境;

(3)能为学生提供电脑或其他智能终端设备,为“互联网+资源库”的新型应用模式提供硬件支持。

四、教学评价

(1)建议学生线上学习并获取本课程的线上结业证书,线上学习成绩占总成绩的40%。

(2)线下考核及其他平时教学占总成绩的60%,根据学生情况可以实时调整各项考核比例。

期末考核方式可以采用线上测试试卷+综合项目考核、线下实操考核或具有课程特点的其他考核方式。

证书示例见图3-14。

五、教材及参考资料

(1)教辅材料

授课教师自主开发项目相关的理论知识、检验项目程序和操作流程等知识。需要开发的教学资源有:实训指导书、检验项目等。

(2)教材选用与编写

《新能源利用与开发》(段春艳、班群、皮琳琳主编,化学工业出版社于2016年出版)。

(3)课程资源的开发与利用

教辅材料主要包括新能源技术相关书籍,教材应随人才培养方案和实训教学大纲的变化做相应修订。

(4)工学结合

根据新能源利用与开发课程的特点,与相关光伏企业联系,合理地安排学生到

新能源利用与开发

结业证书

梁锐铭 已完成 新能源利用与开发 课程的学习，特发此结业证书。

段春艳
建课教师

2018年03月01日

图 3-14　新能源利用与开发课程结业证书

尽可能专业对口的岗位上参观学习。培养团队协作精神、群体沟通技巧、组织管理能力和领导艺术才能等个人综合素质，为学生今后从事各项工作打下基础。

学校也安排教师到企业学习，使教师的实践教学能力得以提升，教师可以根据在工厂里面的学习经历与企业开发“厂中校”课程资源，更好地为学生和企业服务。

(5)网络资源

网络资源可以作为学生从事新能源利用与开发课程学习活动的辅助性工具。为此，老师可以引导学生积极有效地将网络资源用于学习活动之中。例如，借助网络资源查阅相关知识及生产方法、注意事项等。

《新能源利用与开发》立体化电子教材可作为辅助材料学习，应用于课程教学。

4 职业岗位监测系统

4.1 职业岗位监测系统建设思路与方法

将企业典型岗位如光伏电站的设计、光伏系统施工与调试、光伏电站运维与管理三个岗位的综合能力测评题库通过网络系统向光伏专业学生和教师开放，让一年级和二年级的学生进行自主测评，明确学习目标，提升学习效果。

将企业典型岗位如光伏电站的设计、光伏系统施工与调试、光伏电站运维与管理三个岗位的综合能力测评题库向三年级学生和开展相关课程教学的教师开放，让教师以此对学生进行测评，在毕业前查漏补缺，快速提高学生的综合专业能力。

对一年级的新生开展测评人员背景调研，分析学生的基础情况，为后续的专业教学提供参考。

4.2 职业岗位监测系统的主要内容结构

针对开展项目化教学的学生，从单一一门课程、一学期、一学年、毕业前、毕业半年后、毕业一年后、毕业五年后等不同的阶段设置不同的能力测评指标、采用相应的测评工具，评价学生的名义能力、功能性能力、过程性能力和整体化的设计能力等。将人才培养质量测评体系建成网络版测评系统，方便对不同阶段的学生质量进行测评和系统分析，进而反推提高教学质量。

对于在校期间的光伏专业学生的培养质量测评主要按照项目教学体系构建，按照项目教学体系实施以及项目教学体系课程评价的系统方法实施，如图 4-1 所示。

通过企业技术人员研制开发核心岗位四级能力测评题库，包括光伏系统设计、光伏系统施工与调试、光伏电站运维与管理三个核心岗位的四级能力测评题库。测评题库分为名义性能力测评题、功能性能力测评题、过程性能力测评题、整体化设计能力测评题。将其与课程体系的Ⅰ级项目、Ⅱ级项目、Ⅲ级项目分别对应，融入专业核心课程、专业能力课程以及专业综合能力课程或毕业设计项目的教学中，并以此为基础开发单个项目化教学的课程的考评题库，作为平时(如一年级、二年级的各类项目化课程教学和考评)的考评项目库。学生在三年级，即将迈入社会开展企业顶岗实习乃至工作的时候，则作为学生综合能力测评项目库，考核学生的学习效果。

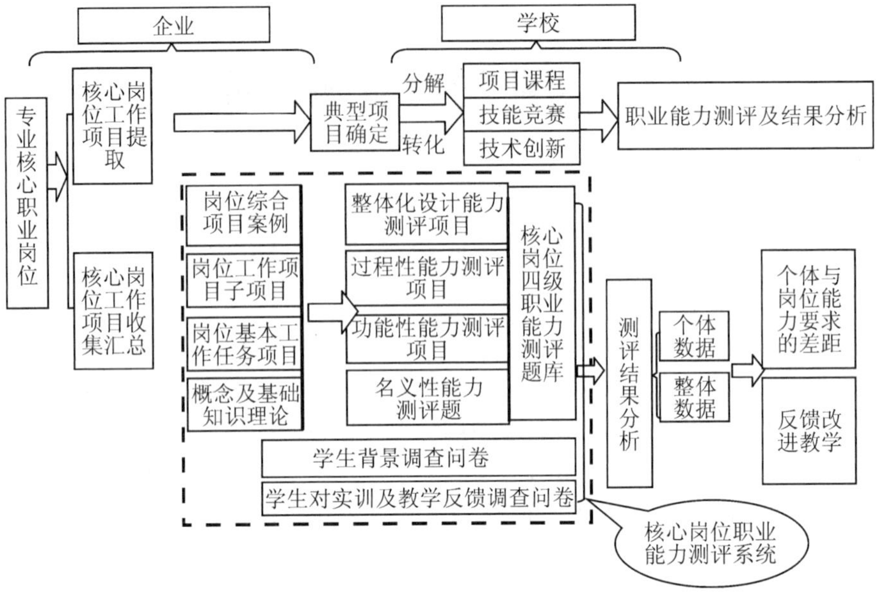

图 4-1　光伏工程技术专业项目载体能力递进课程体系的构建、实施和评价

围绕核心岗位四级能力测评题库和行业岗位技术规范，以企业技术人员为主拓展开发专业能力课程教学项目和考评题库，项目化专业课程的教学平时实行校企双导师教学，考评则由校企双导师结合项目考评题库，出具课程教学效果测评题，考核学生的学习效果。

对于刚入学的学生采用背景调查问卷的形式开展背景调查。随后各个学期末采用学生对学习的总体满意度调查问卷、学生实习实训期间的学习情况调查问卷等进行分析，进而优化教学过程，提高学生学习效果。

对于毕业半年和一年后的学生进行问卷调查，调查学生对学习的总体满意度和学生实习实训期间的学习情况等，使学生结合在企业的工作情况，进一步地对在校期间的学习情况和实习实训等情况进行评价，以提高教学和企业岗位之间的融合度，缩小差距。

对于毕业三至五年的学生开展职业岗位综合能力教学效果的评价，让学生对教学过程的项目提出建议和优化，以随时补充综合能力测评项目库。

背景情境问卷的主要内容如表 4-1 所示。

表 4-1　背景情境问卷的主要内容表

个人特征	企业实习实训的情境特征	职业学校的情境特征
社会经济背景	企业的一般特征	学校的基本数据
在校成绩水平和就业前学历	企业实习的工作过程导向	教学情境特征
接受职业教育动机	企业内的实习情况	工作过程导向

参加测评学生的基本情况问题如表 4-2 所示。

表 4-2 参加测评学生的基本情况问题表

序号	一级类型问题	二级类型问题
1	学生的年龄问题	
2	原毕业学校的结构(生源)	
3	学生先前的学校学习情况	
4	家长对学生学习的支持情况	家长的学历
5		家长对学生接受职业教育感兴趣的情况
6		家长是否支持学生接受职业教育
7		家长对学生专业学习的帮助情况
8	选择本专业的原因	6 个小问题

参加测评学生的测试动机问题如表 4-3 所示。

表 4-3 测试动机问题表

序号	一级类型问题	二级类型问题
1	测试时间	完成测评任务所用时间
2		名义性能力测试所用时间
3		功能性能力测试所用时间
4		过程性能力测试所用时间
5		设计性能力测试所用时间
6	对该测试任务的兴趣	
7	测试任务是否有用(分析不同能力的参评者的看法)	
8	测试任务与参评者职业的关系	

学生对实习实训学习的认识测评问题如表 4-4 所示。

表 4-4　对实习实训学习的认识测评问题

序号	一级类型问题	二级类型问题
1	实习实训中与指导人员的交流方面	在完成实训任务的过程中，可以得到实训指导人员的反馈和支持
2		实训指导人员向学生示范如何处理具体问题
3		实训指导人员告诉学生解决专业问题的思路
4		为了让学生掌握处理问题的方式方法，解释要这样做而不那样做的理由
5		更加清楚作为一个企业工作人员需要特别关注和留心哪些方面
6	实习实训帮助学生了解工作的目的和意义方面（不同能力水平学生的认识）	介绍承担角色任务的同学们在从事哪些工作
7		使学生明白了自己所承担的工作是整个企业工作成果的一部分
8		使学生了解企业的组织结构
9		向学生简要介绍企业其他部门的工作
10		使学生明白所在部门在整个企业生产业务体系中的作用
11		解释任务与所在部门的工作组织的关系
12	实习实训的工作内容是否丰富方面	实习实训期间执行的任务很少有变化
13		实习实训期间有机会做不同的工作，并且用到多种知识和技能
14		实习实训期间有机会与很多不同的人打交道

实习实训要求与学生能力的吻合度问题如表 4-5 所示。

表 4-5　实习实训要求与学生能力的吻合度问题

序号	一级类型问题	二级类型问题
1	岗位对口与工作任务要求	实习实训岗位与所学的专业对口
2		接受的工作任务是个挑战
3		专业技能与接受的工作任务相适应
4	工作任务的挑战性与展示所学东西可能性的关系	工作任务对自己而言是个挑战的话，能否在实习中经常或非常多地展示出所学的东西？
5		工作任务是个挑战的话，专业技能与接受的工作任务相适应能展示出所学的东西
6		接受的实习任务比较复杂

学生完成任务的决定权(不同能力的人的认识)包括 11 个问题,如表 4-6 所示。

表 4-6 学生完成任务的决定权问题

序号	一级类型问题	二级类型问题
1	学生完成任务的决定权(不同能力的人的认识)	是否可以自己选择工作任务
2		是否可以自己确定工作任务的目标
3		是否可以自己协调完成工作任务的进度安排
4		是否可以自己确定如何展示工作过程与工作成果
5		是否可以自己确定完成任务所需要的时间
6		是否可以自己确定完成任务的具体方法和步骤
7		是否可以自己确定所需经费
8		是否可以自己确定完成任务的途径
9		是否可以自己确定完成工作要遵循的规则、规章制度和协议
10		是否可以自己确定完成工作所需要的信息、原材料的性能和规格
11		是否可以自己确定完成任务的合作伙伴

院校的教学特征问题如表 4-7 所示。

表 4-7 院校的教学特征问题

序号	一级类型问题	二级类型问题	三级类型问题
1	教师方面	课堂满意度方面	教师在教学中考虑学生的兴趣
2			教师课堂教学生动有趣
3		教师对学生负责和关心方面	教师对学生认真负责
4			教师关心各个学生
5		教师了解企业方面	教师非常了解企业实际情况
6			教师与企业兼职教师合作

续表 4-7

序号	一级类型问题	二级类型问题	三级类型问题
7	校风方面	在出勤方面	学生有迟到、逃课等情况
8		在学生行为方面	学校中较少存在或不存在学生殴打其他同学的情况
9		在课堂纪律方面	课堂纪律方面
10		在尊重同学方面	学校里有同学不尊重其他同学的情况
11		在爱护校园环境方面	学校里有人在墙上乱写乱画
12	课程方面	课堂内容方面	课堂内容方面大部分是关于概念、原理、公式等理论知识
13			学习材料是以工作任务而不是以章节的知识体系来组织的
14		专业课教学组织方面	学习能按照光伏系统及电站实际工作方式组织专业课教学
15			专业课里展示了光伏系统及电站工作中用到的设备、工具、器材和相关资料
16		教学效果方面	课程能帮助学生找到合适的方法解决光伏系统及电站的实际问题
17			课程对实际生产的关注方面
18			课程和实际光伏系统及电站工作的关系是否紧密

不同类型院校学生实习实训期间的学习情况问题如表 4-8 所示。

表 4-8　不同类型院校学生实习实训期间的学习情况问题

序号	一级类型问题	二级类型问题	三级类型问题
1	实习实训人员组织和指导方面	实习实训人员组织方面	在学生实习实训指导人员安排方面
2		实习实训指导方面	在完成实训任务的过程中，可以得到实训指导人员的反馈和支持
3			实训指导人员向学生示范如何处理具体问题
4			实训指导人员告诉学生解决专业问题的思路
5			为了让学生掌握处理问题的方式方法，解释要这样做而不那样做的理由
6			让学生更加清楚作为一个企业工作人员需要特别关注和留心哪些方面

续表 4-8

序号	一级类型问题	二级类型问题	三级类型问题
7	实习实训帮助学生了解工作的目的和意义方面	在了解其他同学工作方面	介绍承担其他角色任务的同学们在从事哪些工作
8		在帮助学生了解自己工作对企业的意义方面	明白了自己所承担的工作是整个企业工作成果的一部分
9		在帮助学生了解企业的组织架构和工作过程方面	使学生了解企业的组织结构
10			向学生简要介绍企业其他部门的工作
11			使学生明白所在部门在整个企业生产业务体系中的作用
12	实习实训的工作内容是否丰富方面	对其他同学的岗位和任务的了解方面	可以了解到其他同学的岗位和工作任务
13		在任务的变化方面	实习实训期间,执行的任务很少有变化
14		是否有机会做不同的工作,并且用到多种知识和技能方面	实习实训期间,有机会做不同的工作,并且用到多种知识和技能
15	实习实训提出的要求与学生能力的吻合方面	实习实训岗位与专业对口方面	实习实训岗位与所学的专业对口
16		学生感受到的任务难度	接受的工作任务对自身而言是个挑战
17		工作任务与专业技能的吻合度	专业技能与接受的工作任务相适应
18			实习实训期间,能展示出所学的东西
19	实习实训期间,任务的复杂性方面	工作任务内容之间联系的复杂性方面	工作任务的内容之间的联系很复杂
20		在工作目标及准确确定目标的重要性方面	任务完成的结果应当有助于实现不同的目标
21			在完成任务的过程中,必须准确确定目标
22		任务复杂性的其他方面	必须搜集并处理很多与工作相关的重要信息
23			做工作期间,必须应对很多变化
24			在完成任务的过程中,必须考虑到工作任务受多种因素影响
25			在完成任务时,必须综合考虑各方的需求
26			在完成任务时,必须平衡各方的关系

续表 4-8

序号	一级类型问题	二级类型问题	三级类型问题
27	学生完成任务的决定权	在选择工作任务方面	是否可以自己选择工作任务
28		在确定所需的经费方面	是否可以自己确定所需经费
29		在完成工作任务所需确定的内容方面	是否可以自己确定完成工作要遵循的规则、规章制度和协议
30			是否可以自己确定工作任务的目标
31			是否可以自己协调完成工作任务的进度安排
32			是否可以自己确定完成任务的具体方法和步骤
33			是否可以自己确定完成任务的合作伙伴
34			是否可以自己确定完成任务的途径
35			是否可以自己确定如何展示工作过程与工作成果
36			是否可以自己确定完成任务所需要的时间
37			是否可以自己确定完成工作所需要的信息、原材料的性能和规格

学生对学习的总体满意度情况问题如表 4-9 所示。

表 4-9 学生对学习的总体满意度情况问题

序号	一级类型问题	二级类型问题
1	对整个学习的满意度(1. 四种不同能力的学生的认识对比;2. 整体比较)	总体来说,对整个学习很满意
2	对自己在校表现和成绩的满意度(1. 四种不同能力的学生的认识对比;2. 整体比较)	对自己在学校的表现和成绩很满意
3	对专业的兴趣	现在对所学的专业比入学更感兴趣

4.3 职业岗位监测系统的问卷及测试考核题

主要包含背景测试题和专业能力测评题,具体如下:

(1)背景测试题

①不同类型院校的教学特征调查问卷;

②测评人员背景调查问卷;

③测评人员测评动机调查问卷；
④学生对学习的总体满意度调查问卷；
⑤学生实习实训期间的学习情况调查问卷。
(2)专业能力测试题
①光伏系统及电站设计岗位综合能力测评题；
②光伏系统及电站安装与调试岗位综合能力测评题；
③光伏电站运行与维护岗位综合能力测评题。

4.3.1 背景测试题

4.3.1.1 专业的教学特征调查问卷

专业的教学特征调查问卷

亲爱的同学们：

为了进一步提高我们的教学质量和更为准确地对接企业和用人单位，现提出一系列调查问卷。为了保证调查问卷的真实性和有效性，请您认真填写，务必如实填写。

1. 教师方面
(1)课堂满意度方面
问题1：教师在教学中考虑学生的兴趣。(　　)
A. 完全不正确　　B. 不太正确　　C. 部分正确　　D. 正确
问题2：教师课堂教学生动有趣。(　　)
A. 完全不正确　　B. 不太正确　　C. 部分正确　　D. 正确
(2)教师对学生负责和关心方面
问题1：教师对学生认真负责。(　　)
A. 完全不正确　　B. 不太正确　　C. 部分正确　　D. 正确
问题2：教师关心各个学生。(　　)
A. 完全不正确　　B. 不太正确　　C. 部分正确　　D. 正确
(3)教师了解企业方面
问题1：教师非常了解企业实际情况。(　　)
A. 完全不正确　　B. 不太正确　　C. 部分正确　　D. 正确
问题2：教师与企业兼职教师合作。(　　)
A. 完全不正确　　B. 不太正确　　C. 部分正确　　D. 正确
2. 校风方面
问题1：在出勤方面，(　　)。

A. 学生有迟到现象　　B. 有学生逃课

C. 有学生一整天逃课　　D. 无以上现象

问题 2：在学生行为方面，学校中较少存在或不存在学生殴打其他同学的情况。（　　）

A. 不存在　　B. 较少

问题 3：在课堂纪律方面，（　　）。

A. 课堂纪律尚可　　B. 有同学经常扰乱课堂教学

问题 4：在尊重同学方面，学校里有同学不尊重其他同学。（　　）

A. 认可　　B. 不太认可

问题 5：在爱护校园环境方面，学校里有人在墙上乱写乱画。（　　）

A. 认可　　B. 不太认可

3. 课程方面

（1）课程内容方面

问题 1：课程内容方面，大部分是关于概念、原理、公式等理论知识。（　　）

A. 完全不符合　　B. 比较不符合

C. 比较符合　　D. 完全符合

问题 2：学习材料是以工作任务，而不是以章节的知识体系来组织的。（　　）

A. 完全不符合　　B. 比较不符合

C. 比较符合　　D. 完全符合

（2）专业课教学组织方面

问题 1：学习能按照光伏系统及电站工作方式组织专业课教学。（　　）

A. 完全不符合　　B. 比较不符合

C. 比较符合　　D. 完全符合

问题 2：专业课里展示了光伏系统及电站工作中用到的设备、工具、器材和相关资料。（　　）

A. 完全不符合　　B. 比较不符合

C. 比较符合　　D. 完全符合

（3）教学效果方面

问题 1：课程能帮助我找到合适的方法解决光伏系统及电站实际问题。（　　）

A. 完全不符合　　B. 比较不符合

C. 比较符合　　D. 完全符合

（4）课程对实际生产的关注方面

问题 1：课程涉及光伏系统及电站生产组织，包括工作安排、岗位上下级关系、部门协作等。（　　）

A. 完全不符合　　B. 比较不符合

C. 比较符合　　D. 完全符合

问题2:课程和实际光伏系统及电站工作的联系紧密。(　　)

A. 完全不符合　　B. 比较不符合　　C. 比较符合　　D. 完全符合

4.3.1.2　测评人员背景调查问卷

测评人员背景调查问卷

亲爱的同学们:

为了进一步提高我们的教学质量和更为准确地对接企业和用人单位,现提出一系列调查问卷。为了保证调查问卷的真实性和有效性,请您认真填写,务必如实填写。

第一部分　个人特征

(1)我的年龄(　　)

(2)我的性别(　　)

(3)我的班级(　　)

(4)我原来的毕业学校。(　　)

A. 普通高中　　B. 中职学校　　C. 企业　　D. 社会人员

(5)我相信我掌握了学校里所学的东西。(　　)

A. 完全不符合　　B. 不太符合　　C. 部分符合　　D. 完全符合

(6)我相信我在课堂测验和考试中能取得好成绩。(　　)

A. 完全不符合　　B. 不太符合　　C. 部分符合　　D. 完全符合

(7)我能理解学校里教的最难的学习内容。(　　)

A. 完全不符合　　B. 不太符合　　C. 部分符合　　D. 完全符合

(8)你的父亲的学历是什么?(　　)

A. 初中及以下　　B. 高中　　C. 中职　　D. 专科

E. 本科　　F. 研究生及以上

(9)你的母亲的学历是什么?(　　)

A. 初中及以下　　B. 高中　　C. 中职　　D. 专科

E. 本科　　F. 研究生及以上

(10)家长对学生接受职业教育感兴趣。(　　)

A. 完全不符合　　B. 比较不符合　　C. 比较符合　　D. 完全符合

(11)家长支持学生接受职业教育。(　　)

A. 完全不符合　　B. 比较不符合　　C. 比较符合　　D. 完全符合

(12)家长对我的专业学习有帮助。(　　)

A. 完全不符合　　B. 比较不符合　　C. 比较符合　　D. 完全符合

(13)我想一直从事这一专业。(　　)

A. 完全不符合　　B. 比较不符合　　C. 比较符合　　D. 完全符合

(14)我本想学习另一个专业,但我考上了这一专业。(　　)

A. 完全不符合　　B. 比较不符合　　C. 比较符合　　D. 完全符合

(15)如果有其他机会,我想学习另一个专业。(　　)

A. 完全不符合　　B. 比较不符合　　C. 比较符合　　D. 完全符合

(16)我主要想在目前这所学校学习这一专业。(　　)

A. 完全不符合　　B. 比较不符合　　C. 比较符合　　D. 完全符合

(17)受朋友的影响,我选择这个专业。(　　)

A. 完全不符合　　B. 比较不符合　　C. 比较符合　　D. 完全符合

(18)家人或亲戚中有人从事(学习)和我一样的专业。(　　)

A. 完全不符合　　B. 比较不符合　　C. 比较符合　　D. 完全符合

第二部分　职业学校的情境特征

1. 教师方面

(1)教师在教学中考虑学生的兴趣。(　　)

A. 完全不符合　　B. 不太符合　　C. 部分符合　　D. 符合

(2)教师课堂教学生动有趣。(　　)

A. 完全不符合　　B. 不太符合　　C. 部分符合　　D. 符合

(3)教师对学生认真负责。(　　)

A. 完全不符合　　B. 不太符合　　C. 部分符合　　D. 符合

(4)教师关心各个学生。(　　)

A. 完全不符合　　B. 不太符合　　C. 部分符合　　D. 符合

(5)教师非常了解企业实际情况。(　　)

A. 完全不符合　　B. 不太符合　　C. 部分符合　　D. 符合

(6)教师与企业兼职教师合作。(　　)

A. 完全不符合　　B. 不太符合　　C. 部分符合　　D. 符合

2. 校风方面

(1)在我们学校,有学生迟到。(　　)

A. 完全不符合　　B. 不太符合　　C. 部分符合　　D. 符合

(2)在我们学校,有学生逃课。(　　)

A. 完全不符合　　B. 不太符合　　C. 部分符合　　D. 符合

(3)在我们学校,有学生一整天逃学。(　　)

A. 完全不符合　　B. 不太符合　　C. 部分符合　　D. 符合

(4)在我们学校,有学生殴打其他同学。(　　)

A. 完全不符合　　B. 不太符合　　C. 部分符合　　D. 符合

(5)在我们学校,有学生经常扰乱课堂教学。(　　)

A. 完全不符合　　B. 不太符合　　C. 部分符合　　D. 符合

(6)在我们学校，有学生不尊重其他同学。(　　)

A. 完全不符合　　B. 不太符合　　C. 部分符合　　D. 符合

(7)在我们学校，有学生在墙上乱写乱画。(　　)

A. 完全不符合　　B. 不太符合　　C. 部分符合　　D. 符合

(8)在我们学校，有学生故意破坏设施。(　　)

A. 完全不符合　　B. 不太符合　　C. 部分符合　　D. 符合

3. 课程方面

(1)课程大部分是关于概念、原理、公式等理论知识。(　　)

A. 完全不符合　　B. 比较不符合　　C. 比较符合　　D. 完全符合

(2)我们的学习材料是以工作任务，而不是以章节的知识体系来组织的。(　　)

A. 完全不符合　　B. 比较不符合　　C. 比较符合　　D. 完全符合

(3)专业课程是按照光伏系统的实际工作方式组织的。(　　)

A. 完全不符合　　B. 比较不符合　　C. 比较符合　　D. 完全符合

(4)专业课里展示了光伏系统及电站工作中用到的设备、工具、器材和相关资料。(　　)

A. 完全不符合　　B. 比较不符合　　C. 比较符合　　D. 完全符合

(5)课程能帮助我找到合适的方法解决光伏电站方面的实际问题。(　　)

A. 完全不符合　　B. 比较不符合　　C. 比较符合　　D. 完全符合

(6)课程涉及光伏电站生产组织，包括工作安排、岗位上下级关系、部门协作等。(　　)

A. 完全不符合　　B. 比较不符合　　C. 比较符合　　D. 完全符合

(7)课程和实际光伏系统或电站工作的联系是否紧密。(　　)

A. 完全不符合　　B. 比较不符合　　C. 比较符合　　D. 完全符合

4. 学生对学习的总体满意度

(1)总体来说，我对整个学习很满意。(　　)

A. 完全不正确　B. 不太正确　C. 不确定　D. 有点正确　E. 完全正确

(2)我对自己在学校的表现和成绩很满意。(　　)

A. 完全不正确　B. 不太正确　C. 不确定　D. 有点正确　E. 完全正确

(3)现在，我对所学的专业比入学时更感兴趣了。(　　)

A. 完全不正确　B. 不太正确　C. 不确定　D. 有点正确　E. 完全正确

第三部分　实习实训的情境特征

(1)在学生实习实训指导人员安排方面，(　　)。(可多选)

A. 以学校教师的指导为主　　B. 企业兼职教师指导

C. 高年级学生指导　　D. 没有人专门指导

(2)我在完成实训任务的过程中,可以得到实训指导人员的反馈和支持。(　　)

A. 非常少　　B. 少　　C. 偶尔　　D. 经常　　E. 非常多

(3)实训指导人员向我示范如何处理具体问题。(　　)

A. 非常少　　B. 少　　C. 偶尔　　D. 经常　　E. 非常多

(4)实训指导人员告诉学生解决专业问题的思路。(　　)

A. 非常少　　B. 少　　C. 偶尔　　D. 经常　　E. 非常多

(5)为了让我掌握处理任务的方式方法,解释要这样做而不那样做的理由。(　　)

A. 非常少　　B. 少　　C. 偶尔　　D. 经常　　E. 非常多

(6)我更加清楚了如果我是一个企业工作人员需要特别关注和留心哪些方面。(　　)

A. 非常少　　B. 少　　C. 偶尔　　D. 经常　　E. 非常多

(7)向我介绍承担其他角色任务的同学们在从事哪些工作。(　　)

A. 完全不符合　　B. 比较不符合　　C. 比较符合　　D. 完全符合

(8)使我明白了我所承担的工作是整个企业工作成果的一部分。(　　)

A. 完全不符合　　B. 比较不符合　　C. 比较符合　　D. 完全符合

(9)使我了解企业的组织结构。(　　)

A. 完全不符合　　B. 比较不符合　　C. 比较符合　　D. 完全符合

(10)向我简要介绍企业其他部门的工作。(　　)

A. 完全不符合　　B. 比较不符合　　C. 比较符合　　D. 完全符合

(11)使我明白所在部门在整个企业生产业务体系中的作用。(　　)

A. 完全不符合　　B. 比较不符合　　C. 比较符合　　D. 完全符合

(12)向我解释我的任务与我所在部门的工作组织的关系。(　　)

A. 完全不符合　　B. 比较不符合　　C. 比较符合　　D. 完全符合

(13)实习实训期间,我有机会了解到其他同学的岗位和工作任务。(　　)

A. 完全不符合　　B. 比较不符合　　C. 比较符合　　D. 完全符合

(14)实习实训期间,我执行的任务很少有变化。(　　)

A. 完全不符合　　B. 比较不符合　　C. 比较符合　　D. 完全符合

(15)实习实训期间,我有机会做不同的工作,并且用到多种知识和技能。(　　)

A. 完全不符合　　B. 比较不符合　　C. 比较符合　　D. 完全符合

(16)实习实训岗位与我所学的专业对口。(　　)

A. 非常少　　B. 少　　C. 偶尔　　D. 经常　　E. 非常多

(17)我接受的工作任务对我而言是个挑战。(　　)

A. 非常少　　B. 少　　C. 偶尔　　D. 经常　　E. 非常多

(18)我的专业技能与接受的工作任务相适应。(　　)

A. 非常少　　B. 少　　C. 偶尔　　D. 经常　　E. 非常多

(19)实习实训期间,我能展示出所学的东西。(   )

A. 非常少　B. 少　C. 偶尔　D. 经常　E. 非常多

(20)工作任务的内容之间的联系很复杂(   )。

A. 非常少　B. 少　C. 偶尔　D. 经常　E. 非常多

(21)任务完成的结果应当有助于实现不同的目标。(   )

A. 非常少　B. 少　C. 偶尔　D. 经常　E. 非常多

(22)在完成任务的过程中,我必须准确确定目标。(   )

A. 非常少　B. 少　C. 偶尔　D. 经常　E. 非常多

(23)我必须搜集并处理很多与工作相关的重要信息。(   )

A. 非常少　B. 少　C. 偶尔　D. 经常　E. 非常多

(24)做工作期间,我必须应对很多变化。(   )

A. 非常少　B. 少　C. 偶尔　D. 经常　E. 非常多

(25)在完成任务的过程中,我必须考虑工作任务受多种因素影响。(   )

A. 非常少　B. 少　C. 偶尔　D. 经常　E. 非常多

(26)在完成任务时,我必须综合考虑各方的需求。(   )

A. 非常少　B. 少　C. 偶尔　D. 经常　E. 非常多

(27)在完成任务时,我必须平衡各方的关系。(   )

A. 非常少　B. 少　C. 偶尔　D. 经常　E. 非常多

(28)在选择工作任务方面,我是否可以自己选择工作任务。(   )

A. 完全不可以　B. 很少一部分可以　C. 部分可以

D. 大部分可以　E. 完全可以

(29)在确定所需的经费方面,我是否可以自己确定所需经费。(   )

A. 完全不可以　B. 很少一部分可以　C. 部分可以

D. 大部分可以　E. 完全可以

(30)在完成工作任务所需确定的内容方面,我是否可以自己确定完成工作要遵循的规则、规章制度和协议。(   )

A. 完全不可以　B. 很少一部分可以　C. 部分可以

D. 大部分可以　E. 完全可以

(31)我是否可以自己确定工作任务的目标。(   )

A. 完全不可以　B. 很少一部分可以　C. 部分可以

D. 大部分可以　E. 完全可以

(32)我是否可以自己协调完成工作任务的进度安排。(   )

A. 完全不可以　B. 很少一部分可以　C. 部分可以

D. 大部分可以　E. 完全可以

(33)我是否可以自己确定完成任务的具体方法和步骤。(   )

A. 完全不可以　B. 很少一部分可以　C. 部分可以
D. 大部分可以　E. 完全可以

(34)我是否可以自己确定完成任务的合作伙伴。(　　)
A. 完全不可以　B. 很少一部分可以　C. 部分可以
D. 大部分可以　E. 完全可以

(35)我是否可以自己确定完成任务的途径。(　　)
A. 完全不可以　B. 很少一部分可以　C. 部分可以
D. 大部分可以　E. 完全可以

(36)我是否可以自己确定如何展示工作过程与工作成果。(　　)
A. 完全不可以　B. 很少一部分可以　C. 部分可以
D. 大部分可以　E. 完全可以

(37)我是否可以自己确定完成任务所需要的时间。(　　)
A. 完全不可以　B. 很少一部分可以　C. 部分可以
D. 大部分可以　E. 完全可以

(38)我是否可以自己确定完成工作所需要的信息、原材料的性能和规格。(　　)
A. 完全不可以　B. 很少一部分可以　C. 部分可以
D. 大部分可以　E. 完全可以

4.3.1.3　测评人员测评动机调查问卷

测评人员测评动机调查问卷

亲爱的同学们：

为了进一步提高我们的教学质量和更为准确地对接企业和用人单位，现提出一系列调查问卷。为了保证调查问卷的真实性和有效性，请您认真填写，务必如实填写。

(1)完成测评任务所用的时间。(　　)
A. 少于30分钟　B. 30～60分钟
C. 60～90分钟　D. 90～120分钟

(2)对这种测试任务是否有兴趣？(　　)
A. 没兴趣　B. 一般　C. 比较大　D. 非常大

(3)这种测试任务是否有用？(　　)
A. 没用　B. 一般　C. 很有用　D. 非常有用

(4)测试任务与你的职业是否有关系？(　　)
A. 没关系　B. 一般　C. 关系很大　D. 关系非常大

4.3.1.4 学生对学习的总体满意度调查问卷

学生对学习的总体满意度调查问卷

亲爱的同学们：

为了进一步提高我们的教学质量和更为准确地对接企业和用人单位，现提出一系列调查问卷。为了保证调查问卷的真实性和有效性，请您认真填写，务必如实填写。

1. 对整个学习的满意度（1. 四种不同能力的学生的认识对比；2. 整体比较）

问题：总体来说，我对整个学习很满意。（　　）

A. 完全不正确　　B. 不太正确　　C. 不确定

D. 部分正确　　E. 完全正确

2. 对自己在校表现和成绩的满意度（1. 四种不同能力的学生的认识对比；2. 整体比较）

问题：我对自己在学校的表现和成绩很满意。（　　）

A. 完全不正确　　B. 不太正确　　C. 不确定

D. 部分正确　　E. 完全正确

3. 对专业的兴趣

问题：现在，我对所学的专业比入学时更感兴趣了。（　　）

A. 完全不正确　　B. 不太正确　　C. 不确定

D. 部分正确　　E. 完全正确

4.3.1.5 学生实习实训期间的学习情况调查问卷

学生实习实训期间的学习情况调查问卷

亲爱的同学们：

为了进一步提高我们的教学质量和更为准确地对接企业和用人单位，现提出一系列调查问卷。为了保证调查问卷的真实性和有效性，请您认真填写，务必如实填写。

1. 实习实训人员组织和指导方面

（1）实习实训人员组织方面

问题：在学生实习实训指导人员安排方面，（　　）。（可多选）

A. 以学校教师的指导为主　　B. 企业兼职教师指导

C. 高年级学生指导　　D. 没有人专门指导

(2)实习实训指导方面

问题1:我在完成实训任务的过程中,可以得到实训指导人员的反馈和支持。(　　)

A.非常少　B.少　C.偶尔　D.经常　E.非常多

问题2:实训指导人员向我示范如何处理具体问题。(　　)

A.非常少　B.少　C.偶尔　D.经常　E.非常多

问题3:实训指导人员告诉学生解决专业问题的思路。(　　)

A.非常少　B.少　C.偶尔　D.经常　E.非常多

问题4:为了让我掌握处理任务的方式方法,解释要这样做而不那样做的理由。(　　)

A.非常少　B.少　C.偶尔　D.经常　E.非常多

问题5:我更加清楚了如果我是一个企业工作人员需要特别关注和留心哪些方面。(　　)

A.非常少　B.少　C.偶尔　D.经常　E.非常多

2.实习实训帮助学生了解工作的目的和意义方面

(1)在了解其他同学工作方面

问题:向我介绍承担其他角色任务的同学们在从事哪些工作。(　　)

A.完全不符合　B.比较不符合　C.比较符合　D完全符合

(2)在帮助学生了解自己工作对企业的意义方面

问题:使我明白了我所承担的工作是整个企业工作成果的一部分。(　　)

A.完全不符合　B.比较不符合　C.比较符合　D完全符合

(3)在帮助学生了解企业的组织结构和工作过程方面

问题1:使我了解企业的组织结构。(　　)

A.完全不符合　B.比较不符合　C.比较符合　D.完全符合

问题2:向我简要介绍企业其他部门的工作。(　　)

A.完全不符合　B.比较不符合　C.比较符合　D完全符合

问题3:使我明白所在部门在整个企业生产业务体系中的作用。(　　)

A.完全不符合　B.比较不符合　C.比较符合　D.完全符合

问题4:向我解释我的任务与我所在部门的工作组织的关系。(　　)

A.完全不符合　B.比较不符合　C.比较符合　D完全符合

3.实习实训的工作内容是否丰富方面

(1)对其他同学的岗位和任务的了解方面

问题:我可以了解到其他同学的岗位和工作任务。(　　)

A.完全不符合　B.比较不符合　C.比较符合　D完全符合

(2)在任务的变化方面

问题:实习实训期间,我执行的任务很少有变化。(　　)

A. 完全不符合　　B. 比较不符合　　C. 比较符合　　D. 完全符合

(3)是否有机会做不同的工作，并且用到多种知识和技能方面

问题：实习实训期间，我有机会做不同的工作，并且用到多种知识和技能。(　　)

A. 完全不符合　　B. 比较不符合　　C. 比较符合　　D. 完全符合

4. 实习实训提出的要求与学生能力的吻合方面

(1)实习实训岗位与专业对口方面

问题：实习实训岗位与我所学的专业对口。(　　)

A. 非常少　　B. 少　　C. 偶尔　　D. 经常　　E. 非常多

(2)学生感受的任务难度

问题：我接受的工作任务对我而言是个挑战。(　　)

A. 非常少　　B. 少　　C. 偶尔　　D. 经常　　E. 非常多

(3)工作任务与专业技能的吻合度

问题1：我的专业技能与接受的工作任务相适应。(　　)

A. 非常少　　B. 少　　C. 偶尔　　D. 经常　　E. 非常多

问题2：实习实训期间，我能展示出所学的东西。(　　)

A. 非常少　　B. 少　　C. 偶尔　　D. 经常　　E. 非常多

5. 实习实训期间，任务的复杂性方面

(1)工作任务内容之间联系的复杂性方面

问题：工作任务的内容之间的联系很复杂。(　　)

A. 非常少　　B. 少　　C. 偶尔　　D. 经常　　E. 非常多

(2)在工作目标及准确确定目标的重要性方面

问题1：任务完成的结果应当有助于实现不同的目标。(　　)

A. 非常少　　B. 少　　C. 偶尔　　D. 经常　　E. 非常多

问题2：在完成任务的过程中，我必须准确确定目标。(　　)

A. 非常少　　B. 少　　C. 偶尔　　D. 经常　　E. 非常多

(3)任务复杂性的其他方面

问题1：我必须搜集并处理很多与工作相关的重要信息。(　　)

A. 非常少　　B. 少　　C. 偶尔　　D. 经常　　E. 非常多

问题2：做工作期间，我必须应对很多变化。(　　)

A. 非常少　　B. 少　　C. 偶尔　　D. 经常　　E. 非常多

问题3：在完成任务的过程中，我必须考虑工作任务受多种因素影响。(　　)

A. 非常少　　B. 少　　C. 偶尔　　D. 经常　　E. 非常多

问题4：在完成任务时，我必须综合考虑各方的需求。(　　)

A. 非常少　　B. 少　　C. 偶尔　　D. 经常　　E 非常多

问题5：在完成任务时，我必须平衡各方的关系。(　　)

A. 非常少　　B. 少　　C. 偶尔　　D. 经常　　E. 非常多

6.学生完成任务的决定权

(1)在选择工作任务方面

问题:我是否可以自己选择工作任务?(　　)

A.完全不可以　　B.很少一部分可以　　C.部分可以

D.大部分可以　　E.完全可以

(2)在确定所需的经费方面

问题:我是否可以自己确定所需经费?(　　)

A.完全不可以　　B.很少一部分可以　　C.部分可以

D.大部分可以　　E.完全可以

(3)在完成工作任务所需确定的内容方面

问题1:我是否可以自己确定完成工作要遵循的规则、规章制度和协议?(　　)

A.完全不可以　　B.很少一部分可以　　C.部分可以

D.大部分可以　　E.完全可以

问题2:我是否可以自己确定工作任务的目标?(　　)

A.完全不可以　　B.很少一部分可以　　C.部分可以

D.大部分可以　　E.完全可以

问题3:我是否可以自己协调完成工作任务的进度安排?(　　)

A.完全不可以　　B.很少一部分可以　　C.部分可以

D.大部分可以　　E.完全可以

问题4:我是否可以自己确定完成任务的具体方法和步骤?(　　)

A.完全不可以　　B.很少一部分可以　　C.部分可以

D.大部分可以　　E.完全可以

问题5:我是否可以自己确定完成任务的合作伙伴?(　　)

A.完全不可以　　B.很少一部分可以　　C.部分可以

D.大部分可以　　E.完全可以

问题6:我是否可以自己确定完成任务的途径?(　　)

A.完全不可以　　B.很少一部分可以　　C.部分可以

D.大部分可以　　E.完全可以

问题7:我是否可以自己确定如何展示工作过程与工作成果?(　　)

A.完全不可以　　B.很少一部分可以　　C.部分可以

D.大部分可以　　E.完全可以

问题8:我是否可以自己确定完成任务所需要的时间?(　　)

A.完全不可以　　B.很少一部分可以　　C.部分可以

D.大部分可以　　E.完全可以

问题9:我是否可以自己确定完成工作所需要的信息、原材料的性能和规格?(　　)

A. 完全不可以　　B. 很少一部分可以　　C. 部分可以
D. 大部分可以　　E. 完全可以

4.3.2 专业能力测评题

4.3.2.1 光伏系统及电站设计综合能力测评题

(一)功能性能力测评题(30 道,附答案)

1. 太阳是距离地球最近的恒星,是一个由炽热气体构成的巨大球体,中心温度约为 10^7K,表面温度接近 5800K,主要由________(约占 80%)和________(约占 19%)组成。__B__

A. 氢、氧　　B. 氢、氦　　C. 氮、氢　　D. 氮、氦

2. 在地球大气层之外,地球与太阳平均距离处,垂直于太阳光方向的单位面积上的辐射能基本上为一个常数。这个辐射强度称为太阳常数,或称此辐射为大气质量为零(AM0)的辐射,其值为__A__。

A. 1.367 kW/m^2　　B. 1.000 kW/m^2
C. 1.353 kW/m^2　　D. 0.875 kW/m^2

3. 太阳电池是利用半导体__C__的半导体器件。

A. 光热效应　　B. 热电效应　　C. 光生伏打效应　D. 热斑效应

4. 在衡量太阳电池输出特性参数中,表征最大输出功率与太阳电池短路电流和开路电压乘积比值的是__B__。

A. 转换效率　　B. 填充因子　　C. 光谱响应　　D. 方块电阻

5. 下列表征太阳电池的参数中,哪个不属于太阳电池电学性能的主要参数__D__。

A. 开路电压　　B. 短路电流　　C. 填充因子　　D. 掺杂浓度

6. 蓄电池的容量就是蓄电池的蓄电能力,标志符号为 C,通常用以下哪个单位来表征蓄电池容量__D__。

A. 安培　　B. 伏特　　C. 瓦特　　D. 安·时

7. 下列光伏系统器件中,能实现 DC—AC(直流—交流)转换的器件是__C__。

A. 太阳电池　　B. 蓄电池　　C. 逆变器　　D. 控制器

8. 太阳能光伏发电系统的装机容量通常以太阳电池组件的输出功率为单位,如果装机容量 1GW,其相当于__C__W。

A. 10^3　　B. 10^6　　C. 10^9　　D. 10^4

9. 一个独立的光伏系统,已知系统电压为 48V,蓄电池的标称电压为 12V,那么需串联的蓄电池数量为__D__。

A. 1　　B. 2　　C. 3　　D. 4

10. 在太阳能光伏发电系统中,目前最常使用的储能元件是下列哪种__C__。

A. 锂离子电池　　B. 镍铬电池　　C. 铅酸蓄电池　　D. 碱性蓄电池

11. 标准设计的蓄电池工作电压为12V，则固定型铅酸蓄电池充满断开电压为14.8～15.0V，其恢复连接电压值一般为__C__。

A. 12V　　B. 15V　　C. 13.7V　　D. 14.6V

12. 某无人值守彩色电视差转站所用太阳能电源，其电压为24V，每天发射时间为15h，功耗20W；其余9h为接收等候时间，功耗为5W，则负载每天耗电量为__D__。

A. 25A·h　　B. 15A·h　　C. 12.5A·h　　D. 14.4A·h

13. 某单片太阳电池测得其填充因子为77.3%，其开路电压为0.62V，短路电流为5.24A，其测试输入功率为15.625W，则此太阳电池的光电转换效率为__A__。

A. 16.07%　　B. 15.31%　　C. 16.92%　　D. 14.83%

14. 蓄电池在一定的放电条件下应该放出的最低限度的电量值称为__C__。

A. 标称容量　　B. 实际容量　　C. 理论容量　　D. 额定容量

15. 光伏阵列电缆馈线敷设不符合要求的是__C__。

A. 方阵电缆和蓄电池馈线的敷设应符合设计规定

B. 馈线穿过穿线管后应按设计要求对管口进行防水扎紧

C. 电缆及馈线敷设若长度不够，中间接头应封扎紧

D. 电缆馈线正负极两端应有统一红(正极)、蓝(负极)标志，安装后的电缆剖头处必须用胶带和护套进行封扎

16. 光伏系统中产生剩余电力时将该电能送入电网，由于同电网的供电方向相反，所以称为__B__。

A. 非逆潮流系统　　B. 逆潮流系统

C. 户用系统　　D. 地域系统

17. 非晶硅有较高的光学吸收系数，对波长0.315～0.75um的可见光的吸收系数比单晶硅高一个数量级，非晶硅吸收大部分的可见光只在__D__。

A. 100um左右　　B. 50um左右　　C. 20um左右　　D. 1um左右

18. 光伏组件电绝缘性测试时，通过1kV的直流电，通过组建背板与引出线测量绝缘电阻，绝缘电阻要求大于__D__。

A. 500 MΩ　　B. 1000 MΩ　　C. 1500 MΩ　　D. 2000 MΩ

19. 下列不符合光伏阵列测试条件的是__C__。

A. 天气晴朗，太阳周围无云

B. 被测表面应清洁

C. 在测试周期内的辐照度不稳定度应在5%±1%左右

D. 太阳总辐照度不低于700 W/m^2

20. 光伏组件选用防反二极管时，不需要考虑的是__D__。

A. 回路最大电流　　B. 回路最大反向电压

C. 工作环境温度　　　　　D. 日照时数

21. 蓄电池的容量单位为__B__。

A. kW·h　　B. A·h　　C. J　　D. W

22. 12V100A·h 蓄电池可以储存__C__kW·h 的电量。

A. 12　　B. 100　　C. 1.2　　D. 1200

23. 1kW·h 等于__C__MJ。

A. 1　　B. 1000　　C. 3.6　　D. 60

24. 1MW 等于__D__kW。

A. 1　　B. 10　　C. 100　　D. 1000

25. 不同功率的光伏阵列一般需要若干组光伏组件串、并联，串联的数量也可以满足设计的任意需求。（错）

26. “孤岛效应”指在电网失电情况下，发电设备仍作为孤立电源对负载供电这一现象。（对）

27. 光伏组件工作时所输出的最大功率被称为峰值功率，单位为峰瓦（Wp）。（错）

28. 蓄电池放电深度越大，放出的电量越多，可接受的充电电流越大。（错）

29. 带电的云雨在线路或电力设备附近放电，由于电磁的作用，产生很大的磁场。（错）

30. 在独立光伏系统中，为了能让系统正常运行，储能设备是不可缺少的部件。（对）

（二）过程性能测评题（30 道）

1. 逆变器根据不同分类可分为多种形式的逆变器，不同类型的逆变器具体的工作原理是相同的。（错）

2. 本征半导体中掺入适量的施主杂质可以形成 P 型半导体。（对）

3. 我们将具有相同电子浓度和空穴浓度的半导体称为本征半导体。（错）

4. 光伏组件串联，要求所串联组件具有相同的电流，串联后的阵列输出电压为各光伏组件输出电压之和。（对）

5. 太阳能利用的基本方式可以分为四大类，分别为光热利用、太阳能发电、光化学利用以及光生物利用。

6. 太阳能光伏发电系统应用的基本形式可分为两类，分别为离网光伏发电系统、并网光伏发电系统。

7. 太阳电池的测量必须在标准条件（STC）下“欧洲委员会”定义的 101 号标准，其条件是光谱辐照度为 1000W/m^2、光谱为 AM 1.5 、电池温度为 25℃。

8. 独立运行的光伏发电系统根据负载的特点，分为直流系统、交流系统和交直流混合系统。

9. 在足够能量的光照条件，晶体硅太阳电池在 PN 结内建电场的作用下，N 区的空穴向P区运动，P区的电子向N区运动。

10.硅基太阳电池有单晶硅太阳电池、多晶硅太阳电池以及非晶硅太阳电池等。通常情况其光电转换效率最高的是单晶硅太阳电池，光电转换效率最低的是非晶硅太阳电池。

11.在现代电力电子技术中，逆变器一般除了逆变电路和控制电路以外，还备有保护电路、辅助电路、输入和输出电路等。

12.太阳能光伏发电系统最核心的器件是太阳电池。

13.将直流电转变为交流电的一种设备是逆变器，它是光伏系统中的重要组成部分。

14.大型并网光伏电站对接地电阻值的要求较严格，所有电气设备的接地电阻$R\leqslant 4\Omega$，并满足电子设备的金属屏蔽接地和逆变器、变压器等工作接地的要求。

15.独立运行的光伏系统使用时，为避免蓄电池在使用过程中出现过充或过放的现象，影响蓄电池寿命，需要使用充放电控制器来提高系统的可靠性。

16.光伏系统基础建设包括光伏组件基础和控制机房的建设，其中光伏组件基础属于丙类建筑，要负荷相关要求。

17.低压防雷保护措施，一般采用户内阀型避雷器或户内保护间隙。常用的低压阀型避雷器有FS—0.5型和FSI—0.5型。

18.光伏系统的运行一般都是在无人值守的情况下进行，采用遥控遥测技术对光伏发电系统进行实时监控，可以减少人为干扰、节省人力、降低维护费用。

19.什么叫光学大气质量？

答：晴天，决定总入射功率的最重要的参数是光线通过大气层的路程。太阳在头顶正上方时，路程最短。实际路程和此最短路程之比称为光学大气质量。

20.太阳电池的光谱响应的意义是什么？请简答光谱响应的大小取决于哪两个因素？

答：太阳电池的光谱响应是指一定量的单色光照到太阳电池上，产生的光生载流子被收集后形成的光生电流的大小。因此，它取决于光量子的产额和收集效率。

21.请简述太阳能光伏发电系统对蓄电池的基本要求。

答：蓄电池的功能是储存太阳能电池方阵受光照时发出电能并可向负载供电。太阳能光伏发电系统对蓄电池的基本要求：①自放电率低；②使用寿命长；③深放电能力强；④充电效率高；⑤少维护或免维护；⑥工作温度范围宽；⑦价格低廉。

22.光伏组件基本性能指标和检测方法有哪些，请列举其中五项。

答：光伏组件的一些基本性能指标和检测方法如下：

①性能测试；②电绝缘性测试；③热循环实验；④湿热-湿冷实验；⑤机械载荷实验；⑥冰雹实验；⑦老化实验。

23.独立光伏发电系统由哪些部分组成，各组成部分的主要功能是什么？

答：独立光伏发电系统主要由太阳电池方阵、储能装置(蓄电池组)、直流一交流逆变装置、控制设备与连接装置等组成。

太阳能光伏发电的最核心的器件是太阳电池。所以太阳电池方阵主要将太阳能转变成电能。蓄电池组的作用是贮存太阳电池方阵受光照时所发出的电能并能随时向负载供电。逆变器是将直流电转变成交流电的一种设备。系统中的控制设备通常应具有以下功能:信号检测,蓄电池的充放电控制,其他设备保护。连接装置是将太阳能光伏发电系统中的各部分进行电气或机械连接的部件,使之成为一个整体。

24.根据《光伏发电站设计规范》(GB 50797—2012)要求,列出光伏发电站的防洪等级和防洪标准。

防洪等级	规划容量(MW)	防洪标准(重现期)

答:

防洪等级	规划容量(MW)	防洪标准(重现期)
Ⅰ	>500	100 年一遇的高水(潮)位
Ⅱ	30~500	50 年一遇的高水(潮)位
Ⅲ	<30	30 年一遇的高水(潮)位

25.并网光伏发电系统具有哪些独特的优越性?

答:(1)可以对电网调峰,提高电网末端的电压稳定性,改善电网的功率因数,有效消除电网杂波。(2)所发电能回馈电网,以电网为储能装置,省掉了蓄电池。(3)光伏组件与建筑完美结合,既可发电又可作为建筑材料和装饰材料,使资源充分利用,发挥多种功能。(4)出入电网灵活,既有利于改善电力系统的符合平衡,又可降低线路损耗。

26.独立光伏发电系统一般适用于哪些情况?

答:(1)需要自由携带的设备,如普通、携带型设备用电源;

(2)夜间、阴雨天等不需要电网供电;

(3)远离电网的偏远地区;

(4)不需要并网;

(5)不采用电气配线施工;

(6)不需要备用电。

27.光伏组件安装前的准备工作有哪些?

答:(1)根据组件参数对每个参数进行检查测试,其参数值应符合产品出厂指标;(2)应挑选工作参数相近的组件安装在同一方阵中;(3)应挑选额定工作电流相等或相近的组件进行串联;(4)组件接线盒上穿线孔应加工完毕。

28.防反充二极管有什么作用,光伏系统对防反充二极管有什么要求?

答:防反充二极管的作用是利用二极管的单向导电性组织其他光伏组件回路和无日照时蓄电池通过光伏阵列放电。

对防反充二极管的要求是:工作电流必须大于光伏阵列的最大输出电流,反向耐压要高于蓄电池组的电压。

29.逆变器的重要指标有哪些?

答:逆变器效率、额定输出容量、输出电压稳定度、可靠性、启动性能、谐波失真度。

30.光伏发电系统对蓄电池的基本要求有哪些?

答:自放电率低;使用寿命长;深放电能力强;充电效率高;少维护或免维护;工作温度范围宽;价格低廉。

(三)整体化的设计能力测评题(15 道)

1.MPPT 英文缩写的全称及中文名称是什么?

答:Maxine Power Point Track,最大功率点跟踪。

2.根据《光伏发电站设计规范》(GB 50797—2012)要求,描述光伏方阵各排、列的布置间距条件?

答:光伏方阵各排、列的布置间距应保证每天 9:00—15:00(当地真太阳时)时段内前、后、左、右互不遮挡。

3.简述孤岛现象的定义。

答:在电网失压时,光伏发电站仍保持对失压电网中的某一部分线路继续供电的状态。

4.简述防孤岛的定义。

答:防止非计划性孤岛现象的发生。

5.给出 NOCT 组件参数测试条件。

答:辐照度 $800W/m^2$,环境温度 20℃,风速 1m/s。

6.对于并网电站,光伏方阵采用固定倾角设计时,在只考虑最大辐照量的情况下,简述光伏方阵最佳倾角选择标准。

答:倾角宜使光伏方阵的倾斜面上受的全年辐照量最大。

7.对于离网电站,光伏方阵采用固定倾角设计时,在只考虑最大辐照量的情况下,简述光伏方阵最佳倾角选择标准。

答:倾角宜使光伏方阵的最低辐照度月份倾斜面上受到较大的辐照量。

8.简述峰值日照时数的定义。

答:一段时间内的辐照度积分总量相当于辐照度为 $1kW/m^2$ 的光源所持续照射的时间,其单位为小时(h)。

9. 简述真太阳时的定义。

答：以太阳时角作标准的计时系统，真太阳时以日面中心在该地的上中天的时刻为零时。

10. 列出两种常用并网逆变器的种类？

答：1. 微逆变器；2. 组串式逆变器；3. 集散式逆变器；4. 集中式逆变器。

11. 光伏组件在 STC 测试条件下参数为 $V_{OC}=38V$，开路电压 (V_{OC}) 温度系数为 $-0.32\%/℃$，测得某地最低温度为 0℃，最高温度为 65℃，计算 20 块组件串联时在当地的最高开路电压和最低开路电压（在大气质量 AM1.5，辐照度 $1000W/m^2$ 下测试）。

答：最高开路电压：820.80V；最低开路电压：662.72V。

12. 光伏组件在 STC 测试条件下参数为 $V_{MPP}=30V$，$V_{OC}=38V$，组件电压温度系数为 $-0.32\%/℃$；某组串逆变器的启动电压为 400V，MPPT 电压范围为 400～850V，最高电压为 1000V；测得某地最低温度为 0℃，最高温度为 65℃，请计算此逆变器允许接入的组件串数范围（在大气质量 AM1.5，辐照度 $1000W/m^2$ 下测试）。

答：16～24 块。

13. 蓄电池组的容量为 48V200A·h，现在仅有 2V100A·h 蓄电池若干块，请计算需要蓄电的数量及组合方式？

答：蓄电池数量：48 块；

组合方式：24 串联 2 并联连接。

14. 充放电控制器在光伏系统中的作用是什么？

答：充放电控制器是太阳能独立光伏系统中至关重要的部件，其主要功能是对独立光伏系统中的储能元件——蓄电池进行充放电控制，以免蓄电池在使用过程中出现过充或过放的现象，影响蓄电池寿命，从而提高系统的可靠性。

15. 请根据你对光伏系统的了解，列举离网光伏发电系统容量设计的步骤。

答：光伏发电系统的容量设计主要包括负载用电量的估算，太阳电池组件数量和蓄电池容量的计算以及太阳电池组件安装最佳倾角的计算。其设计步骤为：列出基本数据—确定负载功率—确定蓄电池容量—计算日辐射量—确定方阵倾角—估算方阵电流—确定最佳电流—决定方阵电压—确定方阵功率。

4.3.2.2 光伏系统及电站安装与调试岗位综合能力测评题

（一）功能性能力测评题（30 道）

一、单选题

1. 太阳能电池是利用半导体的（ C ）的半导体器件。

A. 光热效应　　B. 热电效应　　C. 光生伏特效应　　D. 热斑效应

2. 下列表征太阳电池的参数中，哪个不属于太阳电池电学性能的主要参数？（ C ）

A. 开路电压　　B. 短路电流　　C. 掺杂浓度　　D. 填充性能

3. 光伏系统中，能实现DC-AC转换是（　B　）。

A. 控制器　　B. 逆变器　　C. 光伏组件　　D. 蓄电池

4. 在地球大气层之外，地球与太阳平均距离处，垂直于太阳光方向的单位面积上的辐射能基本上为一个常数。这个辐射强度称为（　B　）。

A. 大气质量　　B. 太阳常数　　C. 太阳光谱　　D. 辐射强度

5. 地面用太阳电池标准测试调价是指温度（　　）℃、大气质量为AM1.5的太阳光谱，辐射能量密度为（　C　）W/m^2。

A. 25，1130　　B. 20，1000　　C. 25，1000　　D. 20，1130

6. 太阳能来自太阳中的核反应，其本质是一种（　D　）。

A. 热能　　B. 核能　　C. 光能　　D. 电磁能

7. 光伏电站中，组件被鸟粪遮挡，会产生（　B　），从而影响整个方阵的发电性能。

A. 孤岛效应　　B. 热斑效应　　C. 充电效应　　D. 霍尔效应

8. 蓄电池放电时输出的电量与充电时输入的电量之比称为容量（　A　）。

A. 输出效率　　B. 输入效率　　C. 工作效率　　D. 填充因子

9. 太阳能光伏发电系统中，（　A　）指在电网失电情况下，发电设备仍作为孤立电源对负载供电这一现象。

A. 孤岛效应　　B. 热斑效应　　C. 充电效应　　D. 霍尔效应

10. 逆变器一路MPPT中的几路组串是（　A　）的。

A. 并联　　B. 串联　　C. 正比　　D反比

11. 光伏组件二极管的主要作用是（　C　）。

A. 整流　　B. 稳压　　C. 单向导通　　D. 反向击穿

12. 电路主要由负载、线路、电源、（　B　）组成。

A. 变压器　　B. 开关　　C. 发电机　　D. 仪表

13. 电力系统中，kW · h为（　B　）的计量单位。

A. 功率　　B. 电能　　C. 电流　　D. 频率

14. 下列（　B　）三种用具是在电气操作中使用的绝缘安全用具。

A. 绝缘手套、验电器、携带型接地线

B. 绝缘鞋、验电器、绝缘垫

C. 验电器、绝缘鞋、标识牌

D. 绝缘手套、绝缘鞋、临时遮拦

15. 触电急救，首先要使触电者迅速（　A　），越快越好。

A. 脱离电源　　B. 恢复心跳　　C. 恢复呼吸

16. 电力网的电力线路按用途一般分为（　A　）。

A. 输电线路和配电线路　　B. 输电线路和用电线路

C. 高压线路和配电线路　　D. 高压线路和低压线路

17. 工作接地的接地电阻一般不应超过(B)Ω。

A. 3　　B. 4　　C. 6　　D. 9

18. 电路处于(C)状态时,电路中的电流会因为过大而造成损坏电源、烧毁导线,甚至造成火灾等严重事故。

A. 通路　　B. 断路　　C. 短路　　D. 开路

19. 胸外按压与口对口(鼻)人工呼吸同时进行,其节奏为:单人抢救时,每按压(C)次后吹气 2 次,反复进行。

A. 5　　B. 10　　C. 15　　D. 20

20. 变压器中性点接地属于(A)。

A. 工作接地　　B. 保护接地　　C. 保护接零　　D. 故障接地

二、多选题

1. 光伏组件主要是由(ABCD)加工而成的。

A. 电池片　　B. 封装材料　　C. 背板与盖板　　D. 接线盒

2. 家用光伏电站设备主要包含(ABC)。

A. 支架系统　　B. 光伏组件　　C. 逆变器　　D. 升压变压器

3. 光伏电站建设过程中的五大员指(BCDEF)。

A. 造价员　　B. 施工员　　C. 质检员

D. 安全员　　E. 材料员　　F. 资料员

4. (B)或(C)的高压断路器必须定期进行巡视检查。

A. 安装过程中　　B. 投入运行　　C. 处于备用状态　　D. 检修中

5. 分布式光伏电站电能计量设备有(AD)。

A. 光伏发电侧计量电表　　B. 用户厂区设备计量电表

C. 直流电表　　D. 关口点双向计量电表

三、简答题

1. 分别解释以下名词:日照时间、日照时数、平均日照时数、峰值日照时数。

答:日照时间是指太阳光在一大当中从日出到日落实际的照射时间。

日照时数是指在某个地点,一天当中太阳光达到一定辐照度(一般以气象台测定的 120W/m^2 为标准)时一直到小于此辐照度所经过的时间,日照时数小于日照时间。

平均日照时数是指某地的一年或若干年的日照时数总和的平均值。

峰值日照时数是将当地的辐射量,折算成标准测试条件(辐照度 1000W/m^2)下的时数。

2. 什么是"自发自用,余电上网"?

答:"自发自用,余电上网"是指分布式光伏发电主要由用户自己使用,多余电量馈入电网。它是分布式光伏发电项目的一种商业模式。对于这种模式,光伏并网点设在用户电表的负载侧,需增加一块总发电计量表和一块双向计量电表。用户自己直接用掉光伏的电量，以节省电费的方式直接享受电网的销售电；总发电量单独计量，并以规定的上网电价进行结算。

3. 离网光伏应用系统主要由几部分组成？每一部分的作用及相互间关系是什么？

答：离网光伏应用系统主要由太阳能电池方阵、蓄电池组、控制器、逆变器（DC/AC 变换器）、负载构成。

太阳能电池方阵可以把多个组件连接，以获得系统所需要的电压和电流，是把太阳能转换成电能的核心部分。

蓄电池组储存太阳能电池方阵受光照时所发出的电能并随时向负载供电。

控制器是光伏发电系统的核心部件之一，控制器应具备信号检测（为对系统进行判断，控制，保护等提供依据，需要检测的物理量有输入电压，充电电流，输出电压，输出电流以及蓄电池温度等）、保证蓄电池最优充电控制、蓄电池放电管理、设备保护、故障诊断定位、运行状态指示等功能。

逆变器是将直流电变换成交流电的设备。由于太阳能电池组方阵和蓄电池发出的是直流电，当负载是交流负载时，逆变器是不可缺少的。

4. 什么是逆变器？逆变器的两个基本功能是什么？

答：把将直流电能变换成交流电能的过程称为逆变，把完成逆变功能的电路称为逆变电路，把实现逆变过程的装置称为逆变设备或逆变器。

逆变器有两个基本功能：一方面是为完成 DC/AC 转换的电流连接到电网，另一方面是找出最佳的操作点以优化太阳能光伏系统的效率。

5. 旁路二极管的作用是什么？

答：当电池片出现热斑效应不能发电时，起旁路作用，让其他电池片所产生的电流从二极管流出，使太阳能发电系统继续发电，不会因为某一片电池片出现问题而产生发电电路不通的情况。

（二）过程性能力测评题（30 道）

一、单选题（20 道）

1. 屋面分布式电站防雷装置应满足（ C ）建设要求。

A. 第一类防雷建筑物　　B. 第一类防雷建筑物

C. 第三类防雷建筑物　　D. 第四类防雷建筑物

2. 太阳能光伏发电系统的装机容量通常以太阳电池组件的输出功率为单位，如果装机容量 1MW，其相当于（ C ）W。

A. 10^3　　B. 10^4　　C. 10^6　　D. 10^8

3. 并联电阻电路中的总电流等于各支路（ A ）。

A. 电流的和　　B. 电流的积　　C. 电流的倒数和　　C. 电流的差

4. 当日照条件达到一定程度时，由于日照的变化而引起较明显变化的是（ A ）。

A. 工作电流　　B. 开路电流　　C. 短路电流　　D. 最大电流

5. 接入电压等级在（ C ）及以上的光伏电站称为大型光伏电站。

A. 220V　　B. 380V　　C. 10～35kV　　C. 110kV

6. 30kW 并网逆变器，有两路 MPPT，接入 123 光伏常规 265W 光伏组件，下面接入光伏组件方式正确的是（ A ）。

A. MPPT1 接入 3 串，分别为 20 块、20 块、20 块；MPPT1 接入 3 串，分别为 21 块、21 块、21 块

B. MPPT1 接入 3 串，分别为 22 块、21 块、20 块；MPPT1 接入 3 串，分别为 21 块、20 块、19 块

C. MPPT1 接入 3 串，分别为 21 块、21 块、20 块；MPPT1 接入 3 串，分别为 21 块、20 块、20 块

D. MPPT1 接入 3 串，分别为 22 块、20 块、18 块；MPPT1 接入 3 串，分别为 21 块、21 块、21 块

7. 我国属于太阳能资源丰富的国家之一，我国（ B ）的地区年日照大于 2000 小时，太阳能资源的理论储量达每年 17000 亿吨标准煤。

A. 1/3　　B. 2/3　　C. 1/4　　D. 1/5

8. 光伏阵列到光伏发电控制器的输出支路压降通常不允许超过（ A ）。

A. 2%　　B. 5%　　C. 8%　　D. 10%

9. 光伏系统和与其连接的电气负载都必须安装（ D ）以防止电容、电感的耦合和电网的过电压。

A. 电涌控制器　　B. 电涌隔绝器　　C. 电涌放电器　　D. 电涌保护器

10. 恢复全变电所送电时的操作，应（ B ）。

A. 先合入高压电容器支路断路器，再合入其他各支路断路器

B. 先合入其他各支路断路器，再合入高压电容器支路断路器

C. 同时合入高压电容器支路及其他各支路断路器

11. 为了更加充分有效地利用太阳能，如何选取太阳电池方阵的方位角与倾斜角是一个十分重要的问题，确定最佳倾斜角与当地的地理纬度有关。广州地区的最佳倾斜角大约是（ C ）度。

A. 12　　B. 15　　C. 20　　D. 28

12. 以下可以用作建设地面光伏电站的土地是（ A ）。

A. 荒地　　B. 林地　　C. 基本农田　　D. 园地

13. 正确安全地组织检修工作主要由（ B ）负责。

A. 工作票签发人　　B. 工作负责人　　C. 工作许可人　　D. 部门领导

14. 下列对高压设备的试验中，属于破坏性试验的是（ B ）。

A. 绝缘电阻和泄漏电流测试　　B. 直流耐压和交流耐压试验

C. 介质损失角正切值测试　　D. 变比试验

15. 光伏电站中对组件内部电池隐裂检测的设备是（ B ）。

A. IV 测试仪　　B. EL 测试仪　　C. 热红外摄像仪　　D. 万用表

16. 光伏电站设计阶段，发电量测试常用软件（　A　）。

A. PVSYST　　B. Ecotect　　C. CAD　　D. 谷歌地图

17. 聚光光伏电站使用的支架是（　C　）。

A. 单轴追踪光伏支架　　B. 手动可调双轴支架

C. 自动跟踪双轴光伏支架　　D. 固定倾角光伏支架

18. 电流互感器（　A　）与电压互感器二次侧互相连接，以免造成电流互感器近似开路，出现高电压的危险。

A. 不能　　B. 必须　　C. 可以　　D 应该

19. 架空线路导线与建筑物的垂直距离在最大计算弧垂情况下，3～10kV 线路不应小于（　B　）。

A. 2.5m　　B. 3.0m　　C. 4.0m　　D. 5.0m

20. 变、配电所一次主接线中所用的电气设备称为（　A　）。

A. 一次设备　　B. 二次设备　　C. 远动设备　　D. 通信设备

二、多选题（5 道）

1. 直流汇流箱主要设备有（　ABCD　）。

A. 熔断器　　B. 直流断路器　　C. 防反二极管　　D. 防雷设备

2. 分布式光伏电站选址主要考虑（　ABCD　）因素。

A. 工厂用电电价及用电量　　B. 变压器容量

C. 屋面结构　　D. 屋面采光情况

3. 下列属于太阳能发电独有特征的有（　ABDE　）。

A. 没有运转部件，可以安静地生产清洁能源

B. 维护简单，容易实现自动化和无人化

C. 与规模大小有关，可按一定的效率发电

D. 由于是模板结构，易于产生规模化效益

E. 光发电是对废弃能源的有效利用

4. 光伏发电与其他能源相比，下列哪些是它的主要优点（　ACDE　）。

A. 易安装、易运输、建设周期短

B. 使用方便、维护简单，在－50℃～±100℃温度范围均可正常工作

C. 清洁能源、安全、无噪声、零排放

D. 可靠性高、寿命长

E. 降价速度快，能量偿还时间有可能缩短

5. 分布式光伏电站供电局并网申请需提交（　ABCD　）。

A. 分布式光伏发电项目接入申请表

B. 项目业主法人营业执照或组织机构代码证、法人代表身份证明材料

C. 项目拟建设地点物业产权证明文件、土地证明等文件

D. 如项目采用合同能源管理方式，还需提供与电力用户签订的能源服务管理合同；导致供电营业范围调整的，还需提供能源主管部门出具的证明

三、简答题(5 道)

1. 什么是热岛效应？如何避免？

答：串联支路中被遮蔽的太阳电池组件，将被当作负载消耗其他有光照的太阳电池组件所产生的能量。被遮蔽的太阳电池组件此时会发热，这就是热岛效应。这种效应能严重破坏太阳电池。有光照的太阳电池所产生的部分能量，都可能被遮蔽的电池所消耗。为了防止太阳电池由于热岛效应而遭受破坏，最好在太阳电池组件的正负极间并联一个旁路二极管，以避免光照组件所产生的能量被受遮蔽的组件所消耗。旁路二极管的作用：当电池片出现热岛效应不能发电时，起旁路作用，让其他电池片所产生的电流从二极管流出，使太阳能发电系统继续发电，不会因为某一片电池片出现问题而产生发电电路不通的情况。

2. 东北某地光伏电站，某天起晴朗的早上 9 点左右发生汇流箱火灾事故，如图 4-2 所示。请分析故障原因及解决办法。

图 4-2　汇流箱火灾事故

答：在东北的冬季清晨，约 $200W/m^2$ 光伏组件已开始工作；清晨气温较低，组件温度也较低，太阳电池输出电压随温度下降而相对升高；在高压下，汇流箱中开关或导线在导通接触不当时，瞬间引发直流故障电弧，并导致火灾事故。解决办法是更换汇流箱，确保器件规格符合规定、电气连接稳固。

3. 简述雷电种类及雷对光伏系统的危害。

答：分直击雷、电磁脉冲(感应雷)、球形雷、云闪四种。其中直击雷和球形雷都会对人和建筑造成危害，而电磁脉冲主要影响的是电子设备，主要是受感应作用所导致；云闪由于是两块云之间或一块云的两边发生，对人类危害最小。当发生雷击时，雷击会产生极强的感应电磁波，光伏组件上的 PN 结在雷电电磁脉冲电的作用下产生过电压和过电流，极易被雷电所击穿损坏。严重情况下会损坏控制器、逆变器或者是交、直流负载等设备及外围连接设备，为了确保光伏发电系统可靠和安全

地工作，其防雷避雷问题必须解决。

4.农业大棚安装光伏系统的优势，与一般光伏电站相比，使用需注意哪些事项？

答：大棚的“升温”“保温”一向是困扰农户的重点问题。由于夏季的高温，在6～9月份期间，喜阴的众多品种蔬菜无法正常生长，光伏组件可以阻绝红外线，防止过多的热量进入大棚；在冬季和黑夜的时候，光伏组件能组织大棚内的红外波段的光向外辐射，降低温度下跌的速度，起到保温作用。此外，“光伏农业大棚”能供给农业大棚内照明等所需的电力，剩余电力还可并网。与普通光伏电站相比，光伏农业大棚设计时需要考虑大棚内的采光度，确保农作物能够正常生长。

5.简述等电位连接系统要求。

答：等电位网络的连接宜采用焊接、熔接或压接；光伏组件边框及支架应与接地系统可靠连接；普通钢材支架的全部及热镀锌钢材支架的焊接部位，应进行涂防锈漆等防腐处理。

（三）整体化的设计能力测评题（15道）

一、简答题（15道）

1.一般的屋面分布式光伏发电项目的开发模式有哪些？

答：(1)屋面业主自主选择投资商开发光伏发电项目，并根据企业自身的用电情况选择电价折扣；或者采取屋面租赁模式。

(2)合资参股合作的市场运作模式，由屋顶业主与投资商共同出资建设光伏项目，双方共同经营，依据出资份额进行效益分成。

(3)EPC合作的市场运作模式，屋顶业主出资，引进投资商承建光伏项目，验收合格后移交屋顶业主自主运营。

2.屋面的承载力依据需由什么单位出具？

答：一般由建筑原设计单位出具承载证明。原设计单位无法出具的，需由比原设计单位高一级或者直接具有国家住房和城乡建设部颁发的建筑工程设计甲级资质的设计单位出具屋顶的承载力说明报告。

3.什么是光伏组件的PID效应？

答：PID效应及光伏组件的电位诱导衰减效应，是指光伏组件中的玻璃、封装材料、铝边框与电池片之间的漏电流，使大量电荷聚集在电池片表面，导致电池填充因子、开路电压、短路电流降级，造成电池乃至组件功率衰减的现象。

4.光伏背板材料选用的材料需要满足的特点有哪些？

答：(1)保护组件内部结构，背板需要一定的抗渗水性能、绝缘防火散热功能，从而保证组件与外界绝缘、不受水汽侵扰、内部热量容易散出，具有机械稳定性；

(2)抗老化，背板作为最外层材料直接与外界环境接触要提供长达25年的保护，需要抵抗风沙磨损，适应高低温极端环境耐紫外线辐照化学药品腐蚀等；

(3)具有某些特殊功能，如白色背板增强光线反射从而提高发电效率。

5.如何理解光伏组件的质保及寿命?

答:光伏组件的寿命在20年以上,制造商一般的承诺是运行10年衰减不超过标定值的10%,25年衰减不超过20%。光伏组件过了质保期后,组件还可以继续使用,对光伏组件的寿命期限,业界还没有定论。

6.晶体硅光伏组件的检测标准有哪些?

答:IEC 61215、IEC 61730-1/2、UL 1703是目前晶体硅光伏组件最基本的沿用标准。

7.光伏电站建设的标准有哪些?

GB/T 19939《光伏系统并网技术要求》

GB 12325《电能质量 供电电压偏差》

GB 12326《电能质量 电压波动和闪变》

GB/T 14549《电能质量 公用电网谐波》

GB/T 15543《电能质量 三相电压不平衡度》

GB/T 15945《电能质量 电力系统频率偏差》

GB/T 17626《电磁兼容试验和测量技术》

GB/T 20046《光伏(PV)系统电网接口特性》

8.简述项目经理岗位职责。

答:(1)项目经理是公司派驻施工现场对工程全过程的材料质量、工程质量、工期和现场文明安全施工等施工方面进行监督、管理工作的负责人,保证施工过程中的各环节的协调工作,按公司要求负责处理与业主、总承包商监理的日常工作。

(2)工程项目经理必须熟练掌握工程的技术要求、工程进度、计划、组织、指挥完成工程的施工。

(3)工程项目经理负责协调与业主、总包、监理的关系,处理日常收发文件。

(4)项目经理对安装队进行管理,安排日常工作,掌握安装队的动态。

(5)项目经理做好工程资料的收集、报验及验收工作。

(6)每天必须做好工作记录(即工作日志)。

(7)做好各阶段的技术交底,安全交底工作,必须有文字记录,并指导、检查技术人员的日常工作。

(8)现场项目部建立材料进出账簿。

(9)项目部必须有各施工阶段的质检,做好记录。

9.简述彩钢瓦屋面光伏电站施工的具体流程。

项目施工主要由测量放线、支架施工、龙骨安装、组件安装施工、电气安装工程五大步骤。

10.光伏组件进场开箱需做哪些检查?

答:电池组件检查时应没有下列任何缺陷:

(1)开裂、弯曲、不规整或操作的外表面;

(2)有裂纹或破碎的单体电池；

(3)互联线或接头有毛病；

(4)电池互相接触或与边框相接触；

(5)密封材料失效；

(6)在组件的边框和电池之间形成连续通道的气泡或脱层；

(7)引线端失效，带电部件外露；

(8)接线盒安装不牢固。

11.简述逆变器、配电柜、变压器的施工工序。

答：施工前准备、开箱检查、本体安装检查、附件安装校验、交接试验、结束。

12.简述现场抢救触电者的原则。

答：现场抢救触电者的经验原则是：迅速、就地、准确、坚持。迅速——争分夺秒使触电者脱离电源；就地——必须在现场附近就地抢救，病人有意识后再就近送医院抢救。从触电时算起，5 分钟以内及时抢救，救生率 90%左右。10 分钟以内抢救，救生率 6.15%，希望甚微；准确——人工呼吸的动作必须准确；坚持——只要有百万分之一的希望就要尽百分之百的努力抢救。

13.简述地面大型光伏电站选址流程。

答：(1)现场前考察，提前与业主沟通，了解场地基本情况，利用 GPS、谷歌地球、PVSYST 等，了解地貌、走向、日照信息。

(2)现场勘查工作，确认山体走向，附近有无遮挡；测试土地坡度，确定土层情况，以及选址范围内是否有冲击沟、坟头、军事设施。

(3)确认土地面积，最近变电站，到当地供电部门确认变电站电压等级、容量、距离、间隔；拜访国土、林业、文物、武装、水利等部门，避免场地不可用。

14.光伏用电客户申请竣工报验所交资料有哪些？

答：验收和并网调试申请表、安全责任声明(各一式两份，营业厅提供)、竣工报告、组件参数、施工委托书、电力设计公司营业执照、施工资质证明设计资质、系统接线图、光伏电池陈列图、主要电器开关参数、AC/DC 电缆参数、光伏电池板认证书、逆变器测试报告、认证书、电工进网作业许可证、电工身份证复印件、蓝图一式三份(公章)。

15.光伏电站运维包含哪些？

答：系统维护工作所涉及的部件主要有：太阳能电池、直流汇流箱、逆变器、交流防逆流并网柜、输配电线路和监测工作站等。

(1)太阳能电池方阵维护

①应保持太阳能电池方阵采光面的清洁，如积有灰尘，应先用清水冲洗，然后用干净的纱布将水迹擦干，切勿用有腐蚀性的溶剂冲洗或用硬物擦拭。遇风沙后，应进行清扫。一般应至少每月清洗一次。

②值班人员应注意太阳能电池方阵周围无遮挡太阳光的物体，一经发现，应及

时处理。

③方阵支架应良好接地。

④在使用中应定期检查太阳能方阵参数,以保证方阵不间断地正常供电。

⑤遇有大雨、冰雹等情况,太阳能电池方阵一般不会受到损坏,但应对电池组件表面及时进行清理。

⑥应每月检查一次各太阳能电池组件的封装及接线接头,如发现有封装开胶进水、太阳能电池组件变色及接头松动、脱线、腐蚀等,应及时进行处理。

(2)逆变器维护

①应严格按照逆变器使用维护说明书的要求进行设备的连接和安装。在安装时,应认真检查:线径是否符合要求;各部件及端子在运输中是否有松动;应绝缘处是否绝缘良好;系统的接地是否符合要求。

②应严格按照逆变器使用说明书的规定操作使用。尤其在开机前应注意输入电压是否正常;在操作时要注意开关机的顺序是否正确,各表头和指示灯的指示是否正常。

③逆变器进行维护检修时,要断开输入电源。

④操作人员必须经过专业培训,并能判断一般故障的产生原因并排除。未经培训的人员,不得上岗操作设备。

⑤逆变器工作环境应干燥、通风、清洁。

⑥应定期检查逆变器各部分的接线是否牢固,有无松动现象,尤其应认真检查风扇、功率模块、输入端子、输出端子以及接地等。

⑦一旦告警停机,不准马上开机,应查明故障原因修复后再行开机,检查应严格按操作说明书的规定步骤进行。

⑧应定期检查逆变器的工作声音是否正常,是否有异味产生。

⑨应定期清理风扇页的灰尘;以免影响内部散热。

(3)配电柜维护

①检修时,请做好标示,以免误动作。

②设备使用工作环境应干燥、通风、防潮,柜内应保持清洁,如果发现灰尘较多时,应断电后及时清理,以免因灰尘过多而降低绝缘强度。

③应定期检查配电柜各部分的接线是否牢固,有无松动现象。

④定期检查线路连接处接触是否良好,以及支架是否坚固。

⑤定期检查各个部件触点的灵活性,开闭是否准确。

⑥配电柜和测试电柜周围不能存放易燃、易爆、腐蚀性的物品。

⑦配电柜各个器件(断路器、仪表、信号灯、指示灯及继电保护设备等)在运行过程中有无异常气味和声响,触头有无过热氧化或烧黑痕迹。

⑧认真进行配电设备的巡视检查,能及时发现设备运行中的缺陷和不正常现象。得到及时处理,能减少事故的发生,提高供电的可靠性。

⑨定期检查配电柜内防雷模块，发现异常应及时更换。

⑩定期对测量设备的准确性进行检定。

(4)线路的维护

①检修时，停止电源供电。

②检查线路绝缘层是否有破裂，及时处理更换。

③线路连接处是否松脱，接地是否良好。

④在低架空配线路的电源端应安装漏电保护器。

⑤架空配电线路必须安装避雷装置。

4.3.2.3 运维功能性能力评测考题

(一)功能性能力测评题(30道)

1.改善功率因数的实质问题是补偿（　B　）功率。

A.有功　　B.容性无功　　C.感性无功　　D.视在

2.光伏系统和与其连接的电气负载都必须安装（　D　）以防止电容、电感的耦合和电网的过电压。

A.电涌控制器　　B.电涌隔绝器　　C.电涌放电器　　D.电涌保护器

3.工作接地的接地电阻一般不应超过（　B　）Ω。

A.3　　B.4　　C.5　　D.10

4.接地体制作完成后，应将接地体垂直打入土壤中，至少打入3根接地体，接地体之间相距（　A　）。

A.5m　　B.6m　　C.8m　　D.10m

5.使用金属边框的光伏组件，金属边框必须（　A　）。

A.牢固接地　　B.接不接地都行　　C.不应该接地　　D.部分接地

6.下列哪些是保证在电气设备上安全工作的组织措施？（　AD　）

A.工作许可制度　　B.悬挂标示牌　　C.停电

D.工作票制度　　E.验电

7.触头断开后，触头之间如果电弧未熄灭，则电路实际上（　A　）。

A.未被切断　　B.已切断　　C.不确定是否被切断

8.电流互感器二次侧不允许（　A　）。

A.开路　　B.短路　　C.接仪表　　D.接保护

9.电气设备有三种工作状态，即（　ABD　）状态。

A.运行　　B.检修　　C.试验　　D.备用

10.高处作业区周围的孔洞、沟道等应设置哪些安全措施？（　ABC　）。

A.设置安全标志

B.设盖板、安全网或围栏并有固定其位置的措施

C.夜间应设红灯示警

D.设置“止步，高压危险”标示牌

11. 紧急救护的基本原则是在现场采取积极措施，（　ABD　），并根据伤情需要，迅速与医疗部门联系救治。

A. 保护伤员的生命　　B. 减轻伤情

C. 救死扶伤　　D. 减少痛苦

12. 触电急救首先要使触电者与（　AB　）脱离开。

A. 带电设备　　B. 电源　　C. 用电器具　　D. 救护者

13. 总辐射仪测出的是总辐照强度，这个数值也可用以下哪两种辐射仪测出的数据计算得出。（　B　）

A. 直接辐射仪和反射辐射仪　　B. 直接辐射仪和散射辐射仪

C. 反射辐射仪和散射辐射仪　　D. 净全辐射仪和散射辐射仪

14. 以下选项中，不属于防雷器保护范围的是（　C　）。

A. 雷电过电压　　B. 操作过电压

C. 电气短路　　D. 工频暂态过电压

15. 理论发电量是指在统计周期内入射到光伏方阵中的太阳辐射按电池组件峰瓦功率转换的电量，其计算公式是（　A　）。

A. 倾斜面总辐射量×电站实际组件装机容量

B. 倾斜面总辐射量×电站核准装机容量

C. 水平面总辐射量×电站实际组件装机容量

D. 水平面总辐射量×电站核准装机容量

16. 综合厂用电量的计算主要通过＿发电量＿、上网电量和购网电量＿计算＿。

17. 某电站当日发电量为10万kW·h，则该日的减排 CO_2 为＿40＿t，减排标准煤为＿99.7＿t。

18. 变压器的绝缘油有两个作用，一个是＿绝缘＿作用，一个是＿散热＿作用。

19. 一般来说，光照强度越强，组件输出电流就越大，输出功率也越大。电流随光强的增长呈线性关系。（　√　）

20. 在对逆变器内部器件进行检测或更换时，必须同时断开直流侧输入开关和交流侧输出开关。（　√　）

21. 在绝缘电阻测试过程中，根据电工委员会标准规定每千伏电压，绝缘电阻不小于0.5MΩ。（　√　）

22. 避雷针的原理是利用尖端放电现象，让由地球大气层中雷云感应出的电荷及时释放进入地球地面，将电荷降低及中和，避免其过分积累而引发巨大的雷电击中事故，从而保护被雷电击中的建筑物或设备。（　√　）

23. 一般来说，光照强度越强，组件输出电流就越大，输出功率也越大。电流随光强的增长呈线性关系。（　√　）

24. 在对逆变器内部器件进行检测或更换时，必须同时断开直流侧输入开关和

交流侧输出开关。（ √ ）

25.分辨率为0.1V，满量程1000V，精度为0.5%RDG±3digit的万用表测量组件的开路电压为733V，则最大误差为1000×0.5%+0.1×3=5.3V。（ × ）

26.操作票应填写设备的双重名称。（ √ ）

27.用绝缘棒拉合隔离开关（刀闸）或经传动机构拉合断路器（开关）和隔离开关（刀闸），可不戴绝缘手套。（×）

28.带电作业工具的机械试验周期：绝缘工具每年一次，金属工具两年一次。（ √ ）

29.严禁将电流互感器二次侧接地。（ × ）

30.使用钳形电流表时，应注意钳形电流表的电压等级。（ √ ）

（二）过程性能力测评题

1.工作票需要隔夜次日复工的，应将工作票交（ D ）。

A.工作负责人　B.安全负责人　C.工作票签发人　D.运行值班员

2.设备处于（ ABD ）状态下应加强机动巡回检查。

A.大小修或缺陷处理后　B.大风、雷雨、大雪、结冰等异常天气

C.设备正常运行状态　D.设备超铭牌运行

3.高压设备发生接地时，下列选项正确的是（ ABCD ）。

A.室内不得接近故障点4m以内

B.室外不得接近故障点8m以内

C.进入上述范围人员应穿绝缘靴

D.接触设备的外壳和构架时，应戴绝缘手套

4.逆变器的运行与维护应符合下列规定（ ABCD ）。

A.逆变器结构和电气连接应保持完整，不应存在锈蚀、积灰等现象，散热环境应良好，逆变器运行时不应有较大振动和异常噪声

B.逆变器上的警示标识应完整无破损

C.逆变器中直流母线电容温度过高或超过使用年限的，应及时更换

D.逆变器内的浪涌保护器是否完好

5.直流汇流箱的运行与维护应符合以下规定（ ABCD ）。

A.直流汇流箱不得存在变形、锈蚀、漏水、积灰现象，箱体外表面的安全警示标识应完整无破损，箱体上的防水锁启闭应灵活

B.直流汇流箱内各个接线端子不应出现松动、锈蚀现象

C.直流汇流箱内的高压直流熔丝的规格应符合设计规定

D.直流汇流箱内的通信模块工作正常

6.光伏组件应定期检查，若发现下列问题应立即调整或更换光伏组件（ ABCD ）。

A.光伏组件存在玻璃破碎、背板灼焦、明显的颜色变化

B.光伏组件中存在与组件边缘或任何电路之间形成连通通道的气泡

C. 光伏组件接线盒变形、扭曲、开裂或烧毁，接线端子无法良好连接

D. 光伏组件边框脱落

7. 需要全部停电或部分停电或做安全措施的工作，应填写（　A　）。

A. 第一种工作票　　B. 第二种工作票

C. 电气带电作业工作票　　D. 紧急抢修单

8. 应使用干燥或潮湿的柔软洁净的布料擦拭光伏组件，严禁使用（　ABCD　）擦拭光伏组件。

A. 腐蚀性溶剂或者硬物　　B. 废弃的抹布

C. 不干净的抹布　　D. 未经处理过的抹布

9. 在发生人身触电事故时，可以不经许可，即行断开有关设备的电源，但事后应立即报告（　BD　）。

A. 总工程师　　B. 上级部门　　C. 安监部门　　D. 调度

10. 下列工作中，（　ABD　）应填用第一种工作票。

A. 二次系统和照明等回路上的工作，需要将高压设备停电或做安全措施者

B. 高压电力电缆需停电的工作

C. 高压电力电缆不需停电的工作

D. 高压设备上工作需要全部停电者

11. 不得在带电导线、带电设备、变压器、油开关附近以及在（　BCD　）内对火炉或喷灯加油及点火。

A. 蓄电池室　　B. 沟洞　　C. 电缆夹层　　D. 隧道

12. 外单位承担或外来人员参与公司系统电气工作的工作人员，工作前，设备运行管理单位应告知（　BCD　）。

A. 作业时间　　B. 危险点

C. 现场电气设备接线情况　　D. 安全注意事项

13. 在继电保护小室严禁使用对讲机、手机等无线设备，防止保护装置（　C　）。

A．跳闸　　B. 紊乱　　C. 误动

14. 交接班制度中，对人员有哪些要求是错误的？（　D　）

A. 值班人员上岗期间应穿符合参加电气工作要求的统一工装，接班人员到站后也应立即更换符合参加电气工作要求的统一工装。

B. 交接班人员精神状态正常，能够参加交接班工作。

C. 交接班人员应佩戴上岗证。

D. 接班前 4 小时之前可以喝酒。

15. 在进行巡检工作中，必须有（　B　）人以上进行，并在巡视中戴好安全帽和其他必要的保护装备。

A. 3 人　　B. 2 人　　C. 1 人　　D. 5 人

16. 外来人员进入光伏电站必须经（　D　）批准、出示有关证件，经光伏电站

人员核实后方可进入，并登记到外来人员登记表中。

A. 值长　　B. 值班员　　C. 安全员　　D. 站长

17. 光伏组件应定期检查，若发现下列（　D　）问题无须立即调整或更换光伏组件。

A. 光伏组件存在玻璃破碎、背板灼焦、明显的颜色变化

B. 光伏组件中存在与组件边缘或任何电路之间形成连通通道的气泡

C. 光伏组件接线盒变形、扭曲、开裂或烧毁，接线端子无法良好连接

D. 边框和支架结合良好，两者之间接触电阻不大于 4Ω

18. 下列哪些逆变器功能不属于对交流侧进行异常判定。（　A　）

A. 方阵绝缘阻抗过低保护　　B. 电网欠频保护

C. 防孤岛保护　　D. 低电压穿越

19. 下列哪些现象导致逆变器无法自启动（　C　）。

A. 直流电压、功率达到启动条件　　B. 控制供电正常

C. 交流断路器为断开状态　　D. 方阵绝缘阻抗值满足自启动条件

20. 下列设备缺陷处理相关要求错误的是（　D　）。

A. A 类缺陷 24 小时内必须消除

B. B 类缺陷不做相关要求

C. C 类缺陷 24 小时内必须消除

D. D 类缺陷一般规定 24 小时内消除

21. 雷电天气禁止<u>　户外设备巡视　</u>，下雨天气巡视户外设备时，应穿雨衣、绝缘靴，不得靠近<u>　防雷设备　</u>；户外风力在<u>　18 米/秒　</u>以上时禁止设备巡视。

22. 主变压器过负荷时，或发出<u>　油温异常信号、轻瓦斯信号　</u>时，应对其加强巡视。

23. 设备发生<u>　短路故障，保护动作　</u>后，应对相关设备进行检查巡视。

24. 一张工作票中，工作票签发人、工作负责人和工作许可人三者可以互相兼任。工作负责人不能填写工作票。（　×　）

25. 电气设备停电后（包括事故停电），在未拉开有关刀闸或做好安全措施前，若进入遮拦检查设备时，必须有监护人在场。（　×　）

26. 使用摇表测量高压设备绝缘，可由一人进行。（　×　）

27. 只要高压设备不出问题，不需要每天进行巡检。（　×　）

28. 倒闸操作时交班人员可以交接工作。（　×　）

29. 安全帽使用应注意哪些方面？

答：安全帽的帽壳、帽箍、下腮带等附件，必须完好无损，并且妥善保管，保证经常处于完好状态，不许随意乱扔乱坐或移作他用。

30. 安全带使用应注意什么？

答：安全带每次使用前必须做一次外观检查，应无破损断裂、霉变、附件损坏或

缺失等缺陷。

(三)整体化设计能力评测(15 道)

1. 交接班人员危险点分析中哪些是错误的?(C)

A. 雷雨天气,接地电阻不合格,需要巡视高压室时,应穿绝缘靴,不得靠近避雷器和避雷针

B. 巡视前,检查所使用的安全工器具是否合格

C. 擅自改变检修设备状态,变更工作地点安全措施

D. 进入污水坑围栏,应小心谨慎,必须有专人监护

2. 带电作业绝缘工具在运输过程中,应放在(ACD)内,以防受潮和损伤。

A. 专用工具袋　　B. 驾驶室　　C. 专用工具箱　　D. 专用工具车

3. 检修中遇有下列哪些情况应填用二次工作安全措施票?(BC)

A. 在检修设备的二次回路上进行拆、接线工作

B. 在运行设备的二次回路上进行拆、接线工作

C. 在对检修设备执行隔离措施时,需拆断、短接和恢复同运行设备有联系的二次回路

D. 在对设备进行调试时,需拆断、短接和恢复同检修设备有联系的二次回路

4. 遇电气设备着火时,应立即将有关设备的电源切断,然后救火。 (√)

5. 在带电设备周围严禁使用钢卷尺、皮卷尺和线尺(夹有金属丝者)进行测量工作。 (√)

6. 请简述在南方大风和雷雨过后对光伏电站巡检应着重检查哪些巡检项目?

答:(1)汇流箱、逆变器等设备的防雷模块是否正常;(2)组件是否有吹落;(3)组串的绝缘性能是否正常。

7. 组件碎裂、功率下降或产生严重热斑需要更换,如原型号组件已经停产,如何选择新的组件进行更换?

答:原型号已停产必须使用其他型号替代,根据直流串联的短板效应,要减少串联失配损失,新组件的工作电流必须与原型号相匹配,因此这种情况下主要考虑组件的电流参数与原组件相似即可。

8. 光伏电站运维人员应接受哪些相应的安全生产教育和考试?

答:(1)运维人员对电力安全工作规程应每年考试一次。

(2)因故间断电气工作连续三个月以上者,应重新学习电力安全工作规程,并经考试合格后,方能恢复工作。

(3)新参加电气工作的人员、实习人员和临时参加劳动的人员,经过安全知识教育后,方可下现场参加指定的工作,并且不得单独工作。

(4)外单位承担或外来人员参与电站系统电气工作的工作人员应熟悉电力安全工作规程、并经考试合格,方可参加工作。

9. 请简述热斑的形成原因和排查方法。

答:光伏组件是由很多个电池片串联而成,当其中某些电池片由于遮挡、隐裂或其他原因导致本身不能出力,变为负载,由于这些电池片被串联在回路中,因此消耗其他正常电池片的发电量并发热,最终形成热斑。

10.请简述更换直流汇流箱熔丝的安全操作步骤。

答:(1)断开箱内直流断路器;

(2)使用钳六表测量对应的支路有无电流;

(3)确认无电流之后取出熔丝;

(4)插入新的熔丝,合上熔丝底座;

(5)测量电压无误后合上直流断路器;

(6)测量对应支路的电压、电流无误。

11.简述PID的成因及解决方案。

答:组件应用在大中型光伏电站中发电时,组件边框接地,导致负极端的组件处于较高负偏压,特别是在高温潮湿环境下,组件有机会形成漏电通路,玻璃中的钠离子在电场作用下向电池端迁徙,组件的输出功率就会受到负面影响,出现功率损失,产生PID现象,称之为电势诱导功率衰减。

PID的解决方法主要有三个:

(1)使用PID Free组件;

(2)使用负极接地的逆变器;

(3)使用PID恢复仪。

12.电动工器具使用应注意什么?

答:(1)所有电动工器具使用前必须进行认真检查,绝缘有破损的,不完整的不准使用,固定或移动的无接地线的不准使用。

(2)必须设专人管理,每六个月由电气试验班进行定期检查,测试绝缘,禁止使用绝缘不良的。

(3)不熟悉使用方法的工作人员不准擅自使用。

(4)使用手提式的,不准提着导线或旋转部分。

(5)在梯子上使用,应做好防止感电坠落的安全措施。

(6)在使用时,因故障离开工作场所或暂时停止工作及遇到临时停电时,须立即切换电源。

(7)电气工具的电线不准接触热体,不要放在湿地上,并避免重物滚过或压在电线上。

(8)特别潮湿的地方或金属容器内使用时,电压应为12V。

13.简述办理第一种工作票的流程。

答:(1)工作负责人填写工作票;

(2)工作票签发人审核签发;

(3)工作票许可人查看接收;

(4)运行人员实施所列安全措施;

(5)许可人和负责人检查安全措施许可；

(6)电站许可人汇报调度；

(7)负责人对工作人员交底；

(8)工作班人员确认签名；

(9)工作开始；

(10)工作结束清理现场；

(11)工作终结；

(12)工作票终结。

14. 某地极端低温为-30℃，逆变器最大直流电压为1000V，MPPT电压为420～850V，拟采用的光伏组件性能参数如下所示：

$P\text{max}=265\text{W}$

$V\text{mpp}=30.8\text{V}$

$I\text{mpp}=8.61\text{A}$

$V\text{oc}=38.3\text{V}$

$I\text{sc}=9.1\text{A}$

NOCT＝45

短路电流温度系数：0.05％/℃

开路电压温度系数：-0.32％/℃

最大功率温度系数：-0.41％/℃

假设该地组件背板最高温度为70℃，则该地的光伏组串的串联数量应是多少，请写出分析计算过程。

答：温度越低，组串开路电压越高，因此组串在极低温度下的开路电压不能超过逆变器最大支流电压，设组串数量为N，则

$V\text{oc} * [1+(25+30) * 0.32\%] * N < 1000$

$N<22.2$

根据MPPT电压范围，N应满足下面的条件：

$V\text{mpp} * [1+(25+30) * 0.32\%] * N<850$

$V\text{mpp} * [1-(70-25) * 0.32\%] * N>420$

则　$15.9<N<23.46$

为了减少组串出线的线损，应尽量提高组串电压，因此最佳的串联数量为22。

15. 简述5种光伏电站设备检修项目以及相应的检修内容。

答：组件、汇流箱、交直流柜、逆变器、变压器。

(1)组件：组件清洗、组串测试、热斑、组件定期检查及维修、组件定期测试。

(2)汇流箱：外观检查、箱体内接线端子检查、箱内温度检测、熔丝检测、绝缘检测、防雷检查、采集模块、断路器、其他。

(3)交直流柜：外观、断路器、防雷、接线端子、绝缘、霍尔元件、熔断器、操作试验。

(4)逆变器:外观、磁干扰、保护性能、绝缘检测、温度检测、效率谐波功率因素检测。

(5)变压器:确认各密封、阀门、塞子无渗漏油现象,确认主变及冷却器进、出油管路清扫干净,无渗漏油,套管引出线连接紧固,瓷绝缘清洁。对主变保护装置、测量装置进行外部检查。检查套管引出线,中性点设备。

4.4 职业岗位监测系统的建立及分析

4.4.1 光伏工程技术专业人才培养质量测评系统网站建立

将不同的背景测试题和不同典型岗位的分级职业能力测评题建成光伏工程技术专业人才培养质量测评系统网站,对不同年级的光伏工程技术专业学生开放。测试系统后台可以对学生的测评试题进行统计分析,推测学生的背景对学习效果的影响、学习效果与职业岗位能力要求之间的差距,通过分析测评数据,提出改进的措施,应用于改进教学质量。图 4-3 为光伏工程技术专业人才培养质量测评系统网站截屏。

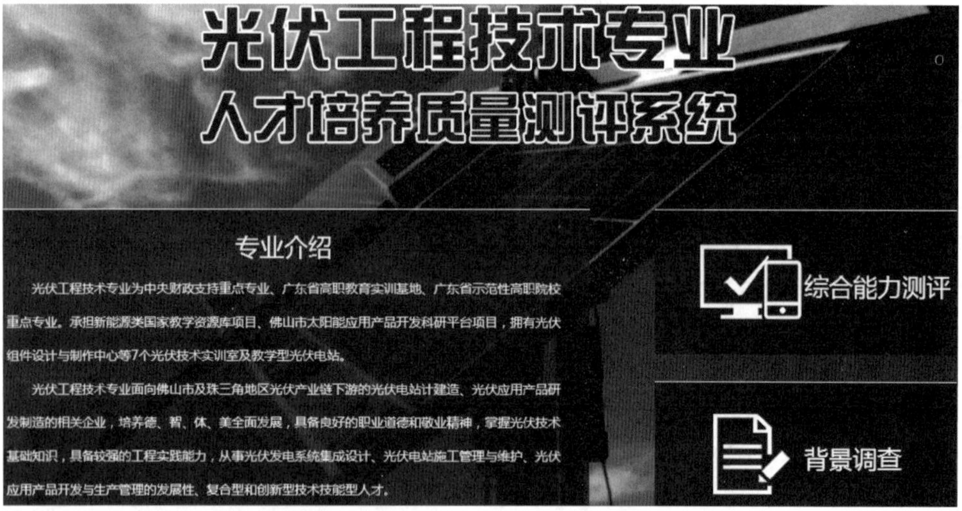

图 4-3　光伏工程技术专业人才培养质量测评系统网站截屏

4.4.2 光伏工程技术专业人才培养质量测评系统数据分析

图 4-4、图 4-5 为典型的问卷数据分析图表。图 4-4 给出了运维功能性测试题答题统计情况,图 4-5 为光伏电站安装与调试试题答题统计情况。通过分析该图表,可以得出如下结论:

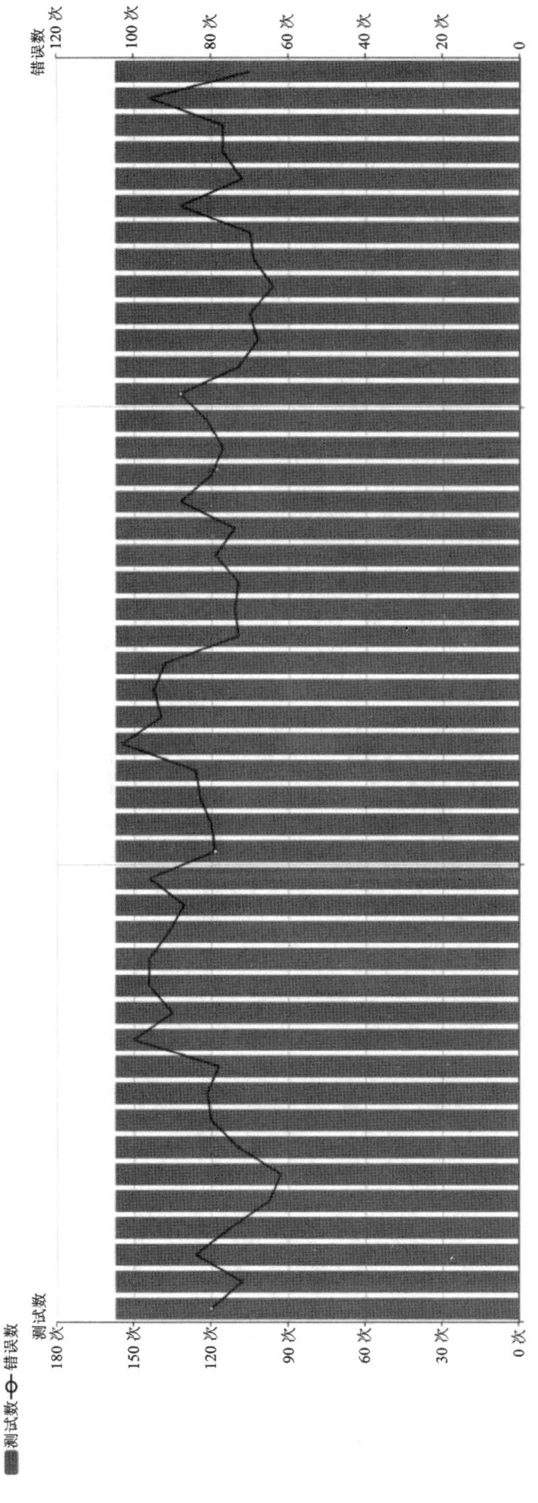

图4-4 运维功能性测试题答题统计情况

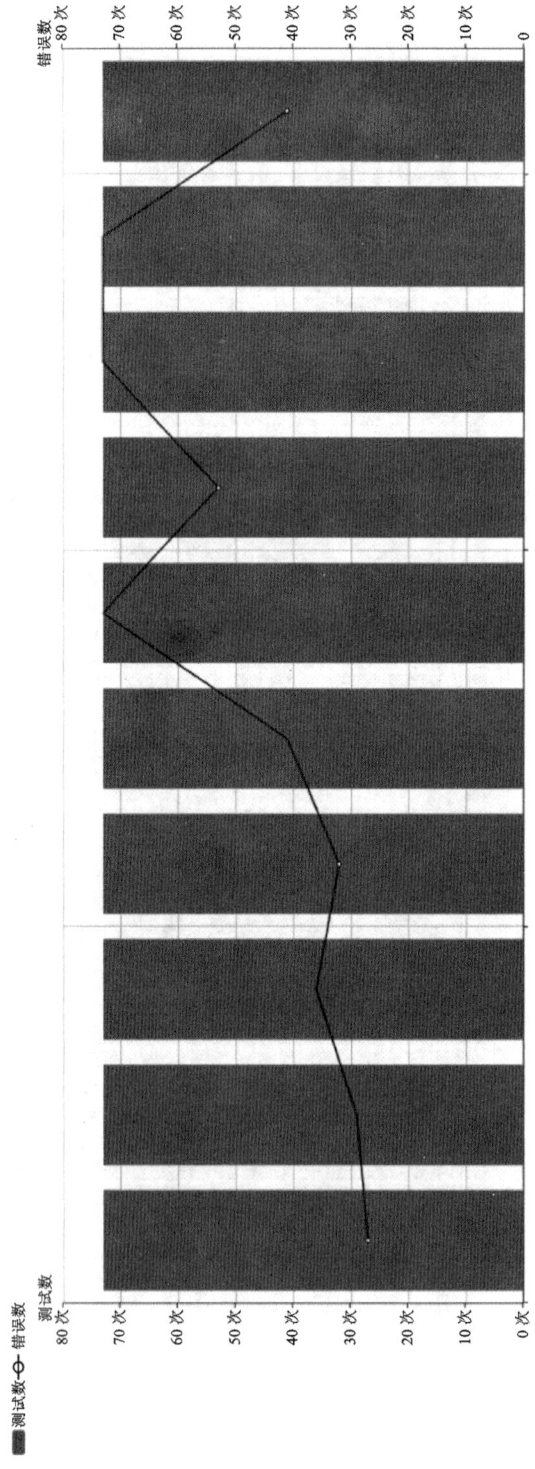

图4-5 光伏电站安装与调试试题答题统计情况

(1)对于光伏电站运维功能性能力的测评,学生完成测评的人数接近 160 人,平均人数接近 70 人。这是因为测评期间,学生正在接受光伏电站运维与管理课程的学习。学生参与的积极性较高,他们希望通过测评检验自己的学习成果。就测评结果看,正确率在 50%以上,仍有较大的进步空间。

(2)对于光伏电站安装与调试岗位功能性能力的测评,学生完成测评的人数接近 73 人。就测评结果看,学生在某些具体的内容研究方面有很大的欠缺,需要教师分析教学内容与教学方法,改善教学效果,部分学生的学习内容需要进一步加强。

(3)从三级职业能力测评题答题结果看,课程的设置以及教学效果对测评结果起着决定作用。课程设置可以进一步优化,将光伏电站设计与施工的课程排在光伏电站运维与管理之前,这有助于学生的知识结构的形成。此外,应增大课程的课时,并加大实践教学环节,这有助于学生知识的巩固。

职业岗位能力测评系统可以保留每年的测评数据,通过横向和纵向的客观数据对比,分析项目化课程的教学效果,学生和教师均从中受益。

5 应用及效果分析

5.1 方案实施和应用

本报告涉及的中高职衔接专业教学标准与课程标准应用于佛山市华材职业技术学校、佛山市三水理工学校和佛山职业技术学院光伏工程技术专业中高职衔接班，从2013—2017级应用实施。实行“2.5＋0.5＋2”中高职贯通分段培养学制，按照“高职主导、依托中职、共同实施”的原则推进落实。试点班每个班招生50人。

5.1.1 实施保障方案

学校成立了三二分段中高职衔接试点工作小组及办公室，办公室负责试点工作的具体实施和综合管理。出台了系列管理文件，保障中高职衔接五年贯通班的开设和日常教学管理。主要的保障措施选摘如下：

(一)转段遴选的办法

“三二分段中高职衔接”试点专业培养的学生原则上单独组班，由高职院校在学生学完中职课程后进行遴选，遴选办法由试点高职院校和中职学校共同制定，按照试点专业人才培养方案的要求，采取过程进行监控与专业水平考核相结合的方式联合对试点学生进行遴选工作。

符合条遴选件的学生在完成中职学习任务后可直接进入佛山职业技术学院学习；对不适合继续学习或不愿意继续学习的学生，经佛山职业技术学院和在读中职学校批准，可转入在读中职学校同类专业学习。

综合评价方式，采取“知识＋技能＋素质”的考核办法，根据中职阶段学生的学习情况、专业技能测试成绩以及综合素质测评等三方面做出评价，考核总分满分为100分。

(1)知识结构考核

采取行进式测试手段，与试点中职学校联合对试点班学生三年学习情况进行跟踪测试。按照中高职衔接人才培养方案的要求，按照学习模块，每学期选取若干骨干课程，对试点中职学校衔接专业学生进行统一测试。各门课程测试成绩累积后取平均值，按40%折合计入总分，最高分为40分。测试的科目如表5-1所示。

表 5-1　各学期联测科目

试点专业	第一学期联测科目	第二学期联测科目	第三学期联测科目	第四学期联测科目	第五学期联测科目
光伏工程技术	计算机基础	电力拖动基础	机械基础与 CAD 制图	数字电子技术基础	单片机基础与应用

注：测试方式为考试、考察、技能操作等。

(2)专业技能测评

学生在中职阶段参加由广东省教育考试中心指定的广东省中等职业技术教育专业技能课程考试，考试成绩占总分的 40%，即考生总成绩 A 级为 40 分，之后按 5 分一个级差递减。

(3)综合素质测评

制定综合素质测评体系，对中职学校试点专业学生做出写实性的综合素质测评意见，比重占 20%，最高分为 20 分。

以上三部分的成绩之和即为学生转段考核总分，转段遴选从高分到低分排序，按照实际招生计划录取。

(二)日常教学管理

(1)学生在中职学校的日常教学计划运行表在每个学期之前由中职学校拟定，发给佛职院教务处及光伏工程技术专业修订，通过备案运行。

(2)学生在高职阶段的日常教学计划按照人才培养方案的教学运行，纳入日常教学管理。

(3)师资培养：为了提高五年贯通培养过程中中职学校和高职学校培养阶段的一致性，多次开展了中高职五年贯通班教师的培训，聘请企业专家和职教专家讲课，提高师资队伍的教学水平。

(4)每学期定期开展课程体系和教学过程中的问题研讨，按照教学运行计划由高职学校开展期中教学检查，走访中职学校，解决和研讨教学中的问题，给出相应的解决措施。每学期末开展单门课程的联考，由高职学校主导出具考试题、安排人员监考和批卷，中职学校和高职学校共同安排考试。

(4)学生社团

佛山职业技术学院设有和光伏工程技术专业相关的学生太阳能协会。学生太阳能协会由光伏专业教师指导，学生自主开展工作。主要开设节能减排宣传活动、小型竞赛、开展对低年级的培训，技术小组自主开展技术项目的创新活动等。由佛山职业技术学院太阳能协会在相关的中职学校建立分会，定期开展太阳能协会的相关活动，增加学生的专业归属感和对专业知识的兴趣。

5.1.2　课程体系实施和课外技术创新实施

(1)从 2013—2017 级人才培养方案中开始实施项目课程体系。项目课程实施过程中，制定了课程标准，校企“双导师”开展项目课程教学和分组项目训练（图 5-1）。

（2）每个课内项目配合 1～2 个课外拓展项目。建立学生太阳能协会等，开展技能竞赛和技术创新，校企“双导师”指导，进一步培养学生的创新能力（图 5-1）。

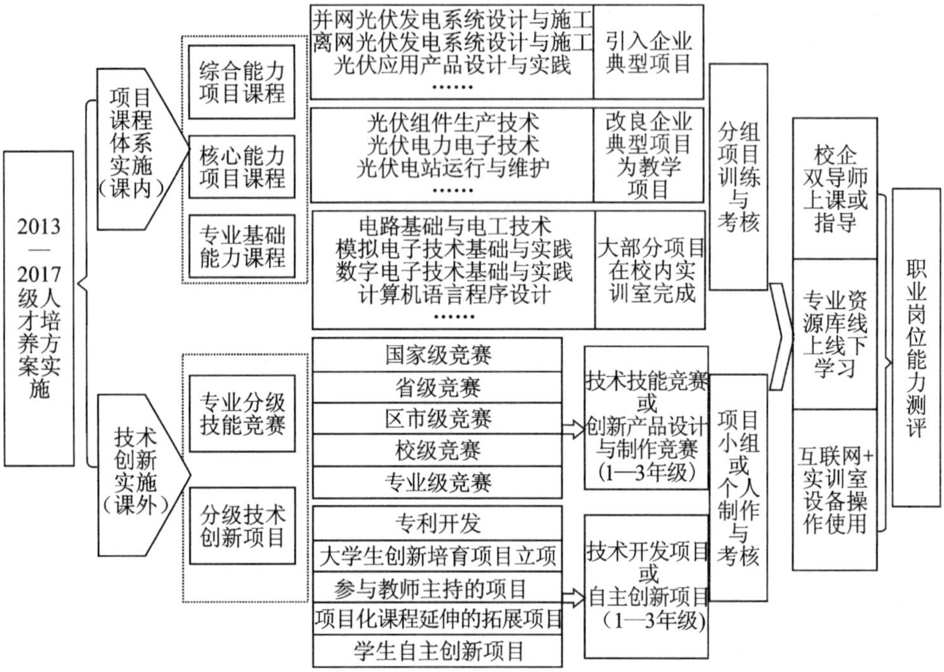

图 5-1　项目课程体系实施和课外技术创新实施

典型课程的课内外项目设计内容（摘录）见表 5-2。

表 5-2　典型课程的课内外项目设计内容（摘录）

序号	课程标准名称	项目设计
1	光伏发电系统设计与施工	（1）家庭分布式并网光伏发电系统的设计与施工；（2）BIPV 并网光伏发电系统的设计与施工；（3）佛山职业技术学院 56kW 楼顶光伏电站的设计与施工；（4）8MW 大型并网光伏电站案例分析（企业教师专题）
2	光伏电站运维与管理	（1）家庭分布式光伏电站的运维与管理；（2）工业屋顶并网光伏电站的运维与管理；（3）BIPV 并网光伏电站的运维与管理；（4）大型地面并网光伏发电系统主要设备的运行维护
3	光伏应用产品设计与实践	（1）辐照度测试仪的设计与制作；（2）光伏电站监测仪的设计与制作；（3）太阳能手提灯的设计与制作；（4）太阳能手机充电器的设计与制作；（5）太阳能智能寻光小车的设计与制作
4	光伏产品检测技术	（1）硅片检测项目；（2）太阳电池的检测项目；（3）光伏组件检测项目；（4）光伏电站检测项目

典型课程与实训室配套见表5-3。

表5-3 典型课程与实训室配套

序号	实训室名称	实训室功能	开设的实训课程
1	光伏发电实训室	主要承担光伏发电、并网系统设计相关课程一体化教学，可完成太阳能模拟跟踪实验、性能测试、运行维护、记录及数据分析以及太阳辐射资源与光伏系统发电数据的评估分析等实验实训	可编程控制器应用技术、离网光伏发电系统设计、并网发电系统设计等
2	光伏系统设计实训室	主要承担光伏系统设计综合实训教学，可开展从光伏组件基本验证性实验到独立完成光伏系统设计及系统的测试评估实训	离网光伏发电系统设计、并网光伏发电系统设计、光伏应用产品设计与实践、光伏LED驱动设计与制作等
3	光伏组件设计与制作中心	主要承担光伏电池组件设计与应用课程一体化教学，可完成常规晶硅太阳电池光伏组件从设计、制作、生产、质量检测的整个工艺流程	光伏组件设计与生产工艺、光伏应用产品设计与实践、光伏产品检测技术等
4	光伏技术学生创新工作室	主要展示光伏产业链样品、常见光伏组件、典型光伏应用产品或模型等。可使学生了解从材料、太阳电池、光伏组件到光伏系统、光伏应用产品等光伏产业链各个环节的发展概况	新能源概论、光伏应用产品设计与实践等
5	光伏产品检测中心	主要开展光伏产品检测实训教学。可使学生掌握太阳电池、光伏组件、光伏系统及部件、光伏应用产品等光伏产品的检测技术	光伏产品检测技术、光伏应用产品设计与实践等
6	爱康光伏应用产品研发中心	主要开展光伏产品造型设计、电路设计、PCB制作、光伏产品安装与调试等实训	光伏LED设计与制作、光伏应用产品设计与实践等
7	爱康公司专家联合研究室	主要进行新型太阳电池结构模拟、工艺仿真和光伏应用产品研发	新型太阳电池结构模拟、工艺仿真和光伏应用产品研发
8	维修电工考证实训室	主要承担光伏专业维修电工课程一体化教学与中高级职业技能资格证的培训，可完成照明线路、电机点动自锁控制、电机正反转控制等实验实训	电路基础、电工技术
9	教学型光伏电站	主要承担光伏专业离网、并网光伏系统设计、施工与运维的一体化教学	离网光伏系统设计与施工、并网光伏系统设计与施工、分布式光伏系统设计、施工及维护

典型实训室的实验实训项目实例见表5-4。

表5-4 典型实训室的实验实训项目示例

光伏系统设计中心				
序号	实验实训名称	设备台套数	要求	性质
1	直流离网光伏系统设计实训	24	户外自然光	常规实训
2	直流离网光伏系统运行测试实训	8	户外自然光	常规实训
3	直流离网光伏系统运行数据分析实训	24	户外自然光	常规实训
4	交流离网光伏系统设计实训	8	户外自然光	常规实训
5	交流离网光伏系统运行测试实训	8	户外自然光	常规实训
6	交流离网光伏系统运行数据分析实训	24	户外自然光	常规实训
7	离网光伏系统数据通信与处理实训	8	户外自然光	选做
8	离网光伏系统关键参数配置实训	8	户外自然光	选做
9	交流离网光伏系统电能质量实测数据分析实训	24	户外自然光	常规实训
10	交流离网光伏系统多台并行连接的通信及数据测试实训	4	户外自然光	综合型选做
11	三相交流离网光伏系统的连接、通信及数据测试实训	2	户外自然光	综合型选做
12	小型并网光伏系统软件设计实训	24	无	常规实训
13	小型并网光伏系统软件设计与实际系统的比对实训	24	户外自然光	常规实训
14	并网光伏系统发电数据远程监控实训	24	户外自然光	常规实训
15	并网光伏系统防孤岛效应动作电压及延迟时间测试	8	户外自然光	选做
16	FlashView专业电站显示软件实训	24	户外自然光	常规实训
17	Sunny Explorer光伏电站监控及配置软件实训	24	户外自然光	常规实训
18	Sunny Portal光伏电站管理系统报表软件实训	8	户外自然光	选做

5.1.3 综合应用效果

5.1.3.1 光伏专业学生的创新能力和就业竞争力明显提升

2017年麦可思调查数据显示，光伏专业最重要的三项核心知识是设计、工程与技术、教育培训，满足度分别为89%、100%、81%。2015、2016届的核心课程满足度为73%，高于全国高职同专业平均水平(69%)。国家光伏质检中心、顺德中山大学太阳能研究院等用人单位对毕业生的专业能力与职业素养评价较高。

七年来，650 多名光伏专业学生参与太阳能协会等社团创新活动，980 多名学生参加各级竞赛，研发光伏产品 37 项，省市竞赛获奖 12 项，国赛三等奖 1 项，专利授权 15 项，省大学生创新培育项目 3 项，参与教师主持的纵横向科研项目 6 项，30 多名毕业创建光伏专业或任企业技术骨干，图 5-2 至图 5-5 展示了学生创新的部分案例。

图 5-2　光伏专业学生参加校内技能大赛

图5-3　参加 2017 年全国技能大赛获得三等奖

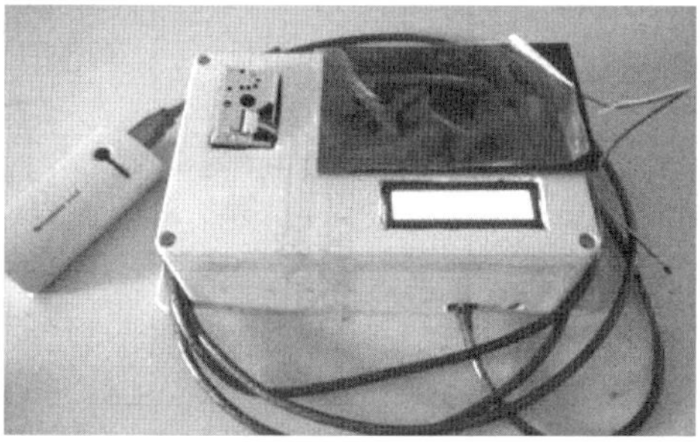

图 5-4　省大学生创新培育项目“雾霾监测仪”

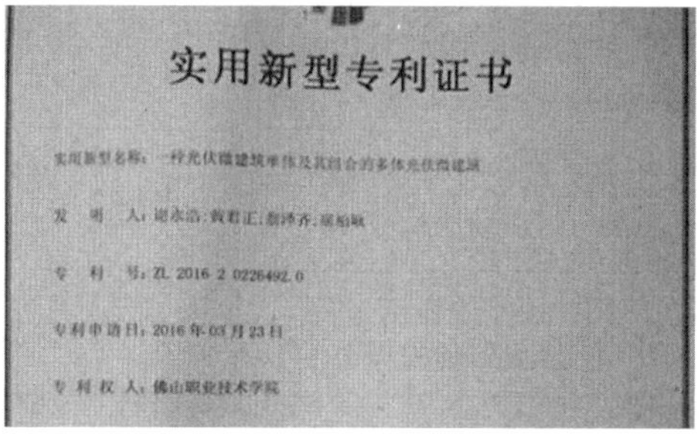

图 5-5　光伏 2013 级学生谢永浩主持的专利

表 5-5 为学生设计、制作的各类主要光伏应用产品列表。

表 5-5　学生设计、制作的各类主要光伏应用产品列表

序号	项目名称	主持学生	指导教师	资金经费（万元）	项目成效	立项时间
1	“光伏＋＋”智能共享休息椅（模型机）	许继源、陈潇跃、李颖、辛少权	班群		产品模型机、专利一篇	2017 年
2	“光伏＋＋”智能共享休息椅（原型机）	许继源、陈潇跃、李颖、辛少权	班群		产品原型机、专利一篇、文章论文一篇	2017 年
3	共享移动电源	许继源、陈潇跃、李颖、辛少权	班群		产品原型机、相关论文一篇	2017 年

续表 5-5

序号	项目名称	主持学生	指导教师	资金经费（万元）	项目成效	立项时间
4	盲人眼睛	李远康	谭建斌		产品原型机	2013 年
5	太阳能帽	区子杰	谭建斌		产品原型机	2013 年
6	网络浇花机	卢文通、魏淑钧	胡昌吉		产品原型机	2015 年
7	光伏追光小车	杨永明、刘付志	胡昌吉		产品原型机	2014 年
8	光伏组件 *I-V* 曲线测试系统	黄景彬、史丹	胡昌吉、谭建斌		产品原型机	2015 年
9	并网光伏逆变器测试平台	黎法瑞、郑夏星、史丹	胡昌吉、冯泽君		产品原型机	2016 年
10	太阳电池温控测试系统	许志博	胡昌吉、冯泽君		产品原型机	2016 年
11	基于 Arduino 开发板的光伏组件背板温度采集装置	李远康	胡昌吉		产品原型机	2013 年
12	光伏组件短路电流现场测试仪	史丹	屈柏耿		产品原型机	2017 年
13	一种光伏施工人员用太阳能充电器	史丹	屈柏耿		产品原型机	2017 年
14	基于 Arduino 开发板的太阳阴影分析工具	黄景彬	胡昌吉		设计方案	2017 年
15	基于 Arduino 的 LED 太阳光谱探测器	林成森	胡昌吉		设计方案	2017 年
16	基于 Arduino 的 LED 驱动器	黄景彬	胡昌吉		设计方案	2017 年
17	光伏支架设计	黎法瑞	胡昌吉		设计方案	2017 年
18	10kW 并网光伏发电系统设计	郑夏星	胡昌吉		设计方案	2017 年
19	3kW CIGS 薄膜并网光伏发电系统设计	郑夏星	胡昌吉		设计方案	2017 年
20	3kW CdTe 薄膜并网光伏发电系统设计	郑夏星	胡昌吉		设计方案	2017 年
21	光伏电站雾霾监测仪	杨永明	胡昌吉、段春艳	2	产品原型、文章一篇	2015 年

续表 5-5

序号	项目名称	主持学生	指导教师	资金经费（万元）	项目成效	立项时间
22	离网智能光伏控制器的研制	温锦文	谭建斌、何金伟、屈柏耿	2	产品原型、专利一篇	2016 年
23	太阳能电池板自动追踪系统的研制	郭金佳	林涛、谭建斌、段春艳	2	产品原型、论文和专利各一篇	2017 年
24	太阳能旋转木马	许泽鸿、高阳	谭建斌		中国太阳能节能应用产品设计大赛	2013 年
25	太阳能光立方	朱贞彬、施伟钢、梁彭翔	段春艳、谭建斌		中国太阳能节能应用产品设计大赛	2014 年
26	多功能创新太阳能旋转木马	张志薇、李志豪、李远康、朱贞彬、夏圳东	段春艳、谭建斌		第八届广东省大中专学生科技学术节	2014 年
27	智能皮带扣	李志豪、张志薇、刘付志新	段春艳、胡昌吉		2014 年广东省大学生电子设计竞赛	2014 年
28	管道内钢珠运动测量装置	黄景彬、林成森、彭志彬	胡昌吉、冯泽君		2017 年广东省大学生电子设计竞赛	2017 年
29	光伏电站雾霾检测仪	刘付志、杨永明、李远康	胡昌吉、段春艳		第四届校级“挑战杯”大学生课外学术科技作品竞赛	2015 年
30	太阳能手机充电器开发	高阳、黄岳松	谭建斌、段春艳		三水区创业竞赛	2013 年
31	打造专业 APP 实现光伏回收	郑泽校、吴浩光、黄海麟、李蒙	谭建斌、胡昌吉		第二届广东省互联网＋创新创业大赛创意组优胜奖	2017 年
32	一种光伏微建筑单体及其组合的多体光伏微建筑	2013 级学生谢永浩（主持）、黄君正（第二）、翁泽齐（第三）	屈柏耿		实用新型专利	2016 年
33	光伏微建筑（蜂巢单体）	2013 级学生谢永浩（主持）、黄君正（第二）	屈柏耿		外观设计专利	2016 年
34	太阳能草坪灯	李少杰	段春艳、谭建斌		产品	2014 年

续表 5-5

序号	项目名称	主持学生	指导教师	资金经费（万元）	项目成效	立项时间
35	平板式太阳能LED灯	潘松振	段春艳、何金伟		产品	2015 年
36	一种太阳能垃圾桶	潘松振	段春艳、屈柏耿		模型	2014 年
37	色温可调太阳能LED灯	温锦文	段春艳、何金伟		产品原型机	2016 年

图 5-6 为学生作品实例。

图 5-6　学生作品示例

表 5-6 为学生主持或参与的专利统计。

表 5-6　学生主持或参与的专利统计

序号	专利名称	专利类型	专利号	学生及排名
1	一种光伏微建筑单体及其组合的多体光伏微建筑	实用新型专利	ZL2016 2 0226492.0	2013 级学生谢永浩（主持）、黄君正（第二）、翁泽齐（第三）

续表 5-6

序号	专利名称	专利类型	专利号	学生及排名
2	光伏微建筑（蜂巢单体）	外观设计专利	ZL2016 3 0003572.5	2013级学生谢永浩（主持）、黄君正（第二）
3	一种超薄太阳能移动电源	实用新型专利	201420379784.9	2011级学生许泽鸿参与（第六）
4	一种车库用电动卷闸光伏控制装置	实用新型专利	201420380230.0	2010级学生吴恩裕（第四）、卓志伟（第六）、罗亚妹（第七）
5	一种带有光伏电源的排气扇	实用新型专利		2012级学生朱贞彬、李志豪、林振钦
6	一种光伏施工人员用太阳能充电器	实用新型专利	201420380229.8	2010级学生黄灿华（第四）、谢达华（第五）
7	一种光伏消防应急标志灯	实用新型专利	201420380228.3	2010级学生曾少雄（第七）
8	一种光伏组件的现场测试仪	实用新型专利	201420377707.X	2012级许立鹏（第五）、刘伟烽（第六）、羊术创（第七）
9	一种家用离网光伏发电装置	实用新型专利	201420377693.1	2011级王旭伟（第四）
10	一种太阳能充电器	实用新型专利	201420379796.1	2010级杨文达（第六）、陈胜文（第七）
11	一种太阳能光伏微波炉	实用新型专利	CN104180405B	2010级高阳、许艳梅
12	一种太阳能光伏洗车机	实用新型专利	201420377371.7	2011级王文彬（第五）、黄佩凤（第六）
13	一种新型太阳能垃圾桶	实用新型专利	ZL2015 21119240.X	2013级刘伟烽、潘松振、钱颖俊、区子杰、2014级冯浩权
14	一种家用离网光伏发电系统	发明	CN104184394B	2011级王旭伟
15	一种用于家庭浴室的太阳能光伏排气扇	发明	201410324894X	2012级学生朱贞彬（第五）、李志豪（第六）、林振钦（第七）

5.1.3.2 专业建设成效显著

在成果形成和推广过程中，立项建设了省级精品开放课程 2 门、国家新能源教学资源库课程 4 门、校级重点课程 6 门、校企合作教材 10 本，职业能力测评网站 1 个。

在成果形成和推广过程中，光伏工程技术专业被评为广东省高职教育实训基地、广东省示范性高职院校重点建设专业、广东省一流高职院校重点建设专业、国家新能源类专业教学资源库第二主持单位，于 2017 年通过广东省重点专业验收。

光伏教学团队被评为广东省优秀教学团队，省级分布式发电综合利用技术创新团队，成果主持人被评为广东省高职教育领军人才、广东省千百十人才培养对象、南粤优秀教师。

成果主要完成人在成果形成和推广过程中，主持省市级教改项目 14 项，科研项目与技术服务项目 18 项，省市级科研平台 3 个，专利 24 项，发明专利 10 项。大学生校外实训基地共计 16 家。

5.2 进一步改进分析

通过在 2013—2017 级光伏工程技术专业中高职衔接专业学生实践，并与三年制光伏工程技术专业学生的培养情况进行比较分析，发现构建以项目化教学体系为主的光伏工程技术专业教学标准及课程标准能够获得有效的教学效果，学生的工程技术应用能力和创新能力等逐年提升，并和教师的技术服务能力提升互相支撑，形成良性的循环。但还有很多需要改进的地方，具体如下：

(1)项目化教学的过程还可以进一步按照职业能力要求细化，提升每次课程或每个项目的目标和教学效果，进而进一步优化以项目化课程体系为主的光伏工程技术专业教学标准及课程标准。

(2)五年贯通的中高职衔接的学生与高中生源的学生在培养过程中相比，前者在实践能力方面比较强，一旦涉及知识体系，就有很大的接受难度。因此，一方面在教学过程中，中职学校和高职学校的相关对接专业的教师应当定期召开教学研究会议，沟通交流，针对教学过程的问题及时沟通解决，保证五年制学生的教学目标的实现，保证中职教学和高职教学的有效衔接；另一方面，针对五年贯通班的学生，需要单独设置高职阶段的课程教学内容和教学方法，针对这部分生源的学生重实践、轻理论的情况，提出有效的措施，在课程中增加实践环节，发挥其特长优势，进一步提高其实践方面的高级技能。

附　录

附录1:岗位需求调查问卷

(一)行业访谈提纲

单位名称:____________________

受访人姓名:__________受访人职务:__________

访谈时间:____________________

1.本行业的相关产业在佛山市目前的发展情况怎样?存在哪些困难?

2.您对本行业在佛山市未来发展趋势是如何看待的?

3.佛山市产业转型升级对行业有哪些影响?

4.行业发展对人力资源的需求和技能型人才规格的要求有哪些?

5.行业从业人员现状以及与发展需要之间的差距有哪些?

6.行业职业教育与培训的基本状况如何?存在哪些主要问题?

7.您认为职业教育在佛山市产业结构调整和产业升级中应该如何发挥作用?

8.在您看来,职业学校应该如何开展校企合作,才能培养出本行业企业所需的技能型人才?

9.您对行业职业教育与培训发展有哪些建议?您对职业学校培养技能型人才有哪些建议?

10.您认为职业学校在培养技能型人才方面,行业协会能发挥哪些积极作用?

11.本行业职业技能鉴定工作情况。

12.对政府及其教育部门加强行业职业教育的意见和建议。

(二)企业技术部门访谈提纲

单位名称:____________________

受访人姓名:__________受访人职务:__________

访谈时间：________________________________

1.本技术部门有哪些岗位？有哪些专业的人员？学历结构如何？

2.伴随着行业产业发展和技术升级，企业近年有哪些新专业要求？有没有跨专业的人才需求，有哪些？

3.企业在技术开发方面，引进新技术的情况如何？承接科技成果转化的情况如何？技术、工艺、产品等更新的情况如何？

4.根据企业技术开发情况，对专业人才有哪些要求？技能方面有哪些要求？

5.高职毕业生能否从事技术开发工作？本部门有哪些工作适合高职毕业生？

6.中高职毕业生在企业适应情况如何？希望中高职院校加强哪方面的培养？

7.技术工人接受高职教育后从事技术工作的情况怎样？

8.技术人员是否可以做学校兼职教师？平均每月可以上课时数是多少？或者有哪些上课的形式是可行的？

9.学校教师能否进入企业技术部门参与技术开发工作？

（三）企业生产部门访谈提纲

单位名称：____

受访人姓名：________________受访人职务：________________

访谈时间：________________________________

1.本生产部门有哪些岗位？人员的专业、学历结构和数量如何？

2.生产部门设备更新的频率或周期如何？技术、工艺改进或更新的情况如何？对员工有哪些要求或影响？

3.技术工人有哪些要求？如专业能力和素质方面、操作能力方面。

4.一个成熟的技术工人，成长周期是怎样的？在此过程中，专业能力提升与素质的关系如何？

5.中高职学生在技术工人中的比例如何？

6.生产部门人员流动情况怎样？流动去向如何（企业内、企业外）？

7.生产部门是否方便接纳中高职学生实习？能容纳的人数为多少？

8.中高职学校应该加强学生哪方面的专业知识和技能训练？

9.生产部门是否方便接纳教师生产实习？

产业转型升级对技能型人才需求调研问卷

尊敬的用人单位：

您好！感谢贵单位对我校职业教育发展的大力支持。本次调研所得数据将只用作我校职业教育专业设置调整和优化的决策依据，不涉及任何商业用途，对于您填写的全部资料，我们承诺严格保密！

××××××

年　月

企业名称：____；

填卷人：______________；职务：______________；电话：________________；

填卷时间：__________年__________月__________日；

通信地址：______________________________；邮政编码：______________。

填写说明：以下调研问题全部是选择题，“□”为多选，“○”为单选。

1. 贵企业现在的生产规模：

○大型　○中型　○小型

2. 贵企业生产和管理一线员工学历水平主要为：

○初中毕业生及以下　○中职学校、技工学校

○大专及高等职业学校毕业生　○本科及以上学历毕业生

3. 当前贵企业中从事科研、开发的员工的学历水平主要为：

○初中毕业生及以下　○中职学校、技工学校

○大专及高等职业学校毕业生　○本科及以上学历毕业生

4. 贵企业中从事某行业或专业等岗位的人才招聘渠道主要为：

○到学校直接招聘　○与大中专院校的定向培养

○人才招聘中介、招聘市场　○内部自主培养

5. 当前贵企业最希望招聘人才的渠道或方式：

○到学校直接招聘　○与大中专院校的定向培养

○人才招聘中介、招聘市场　○内部自主培养

6. 贵企业在招聘光伏类人员时最看重员工的哪方面的素质(最多选三个)：

□组织能力　□开拓创新能力　□应变能力　□专业水准

□团队精神　□人际交往能力　□吃苦耐劳　□性格特征

□其他　□责任心　□兴趣爱好　□诚信度

□进取心

7. 贵企业在招用中高职学校毕业生时，认为他们最大的不足是(最多可选三个)：

□知识面不广　□专业知识不扎实

□动手操作能力不足　　　　　　　　□眼高手低，流失率高，不稳定
□不太懂处理人际关系　　　　　　　□不能吃苦耐劳
□没有长远的职业规划

8. 您所在企业如果新招用工，将首先考虑：
○本地生源的中高职学校、技工学校或者高中毕业生
○外地生源的中高职学校、技工学校或者高中毕业生
○农民工

9. 如果要推动企业参与职业教育，您希望政府提供以下哪些优惠政策？
○税收优惠
○按实习工种给予人才培养培训经费补助
○以奖代补，补助企业参与职业教育的教育费用
○宣传企业形象方面提供帮助，给予相关荣誉称号
○其他（请说明）________________

10. 您对中高职学校、技工学校毕业生的基本期望是（最多选两个）：
□具有较强的理论功底，表现出专业的水平
□能在较短时间内完全胜任工作
□具有吃苦耐劳的精神，能勤奋好学
□具有较强的实际工作能力，能解决实际问题
□具有较好的职业道德，能服从管理，忠诚于公司
□具有较合理的知识结构，能反映出业界的发展现实
□具有较清晰的职业定位，能力知识较宽且精

11. 如果企业与职业学校开展校企合作，共同培养学生，那么贵企业对下列合作项目的意愿如何？（请在选中的栏内画“√”）

序号	合作形式	贵企业的态度		需要一定的合作的条件（请简要列出）
		愿意	不愿意	
1	参与人才培养方案的设计与实施			
2	与学校签人才需求订单式培养协议			
3	为师生提供到企业的实习机会			
4	委托学校进行员工培训			
5	为学校提供实训设备设施			
6	为学校提供兼职教师			
7	企业在学校建立生产型实训车间			

8	把企业订单引入学校，依托学校的设备、人员进行生产加工			
9	出资联合办学			

学校整理部分

企业名称：＿＿＿＿＿＿　负责人姓名：＿＿＿＿　联系电话：＿＿＿＿

填表人姓名：＿＿＿＿＿＿　职务：＿＿＿＿＿　联系电话：＿＿＿＿

1.采访的企业员工总数：＿＿＿＿＿＿

2.采访的企业现有主要技能岗位设置的情况：

序号	岗位名称	所属专业	现有人数	学历情况（人数）					职业资格证书情况				
				初中	高中	中职	大专	本科	初级工	中级工	高级工	技师	高级技工

3.采访的企业三年内可能新增技能岗位情况：

序号	岗位名称	所属专业	岗位数	学历要求					职业资格证书要求				
				初中	高中	中职	大专	本科	初级工	中级工	高级工	技师	高级技工

4.采访的企业三年内可能淘汰技能岗位情况：

序号	岗位名称	所属专业	岗位数	学历要求					职业资格证书要求				
				初中	高中	中职	大专	本科	初级工	中级工	高级工	技师	高级技工

5.采访的企业哪些工作岗位最紧缺员工：＿＿＿＿＿＿＿＿＿＿

6.采访的企业哪些工作岗位需求员工最多：＿＿＿＿＿＿＿＿＿

7.采访的企业哪些工作岗位上最希望是本地人：＿＿＿＿＿＿＿＿

附录 2:相关教材及资源

(1)参考教材(附表 2-1 和附图 2-1)

附表 2-1 参考教材列表

序号	教材名称	出版社	备注
1	《光伏组件设计与生产工艺》	北京理工大学出版社	胡昌吉、段春艳主编
2	《晶硅太阳电池制造工艺与原理》	印刷工业出版社	段春艳、卢东亮主编
3	《光伏产品检测技术》	化学工业出版社	段春艳、班群主编,二维码教材
4	《并网光伏发电系统设计与施工》	机械工业出版社	胡昌吉、孙韵琳、屈柏耿主编
5	《新能源利用与开发》	化学工业出版社	段春艳、班群、皮琳琳主编,二维码教材
6	《晶体硅太阳电池生产工艺》	化学工业出版社	段春艳、班群、冯源主编,二维码教材
7	《光伏应用产品设计与实践》	机械工业出版社	段春艳、谭健斌主编

附图 2-1 主要教材封面图例

(2)参考电子资源

①国家级新能源类专业教学资源库,网址:http://211.81.40.166/

②主要的专业课程的电子资源网址(附表 2-2)

附表 2-2 主要专业课程电子资源网址列表

序号	课程名称	主要电子资源	网址
1	晶硅太阳电池生产工艺	国家教学资源库重点建设课程	http://180.212.82.145/learning/? q=node/32385
2	光伏产品检测标准与认证	国家教学资源库重点建设课程	http://180.212.82.145/learning/? q=node/58019
3	光伏组件生产技术	国家教学资源库重点建设课程	http://180.212.82.145/learning/? q=node/31440
4	新能源利用与开发	国家教学资源库重点建设课程	http://180.212.82.145/learning/? q=node/50143
5	离网光伏发电系统设计与施工	国家教学资源库个性化课程	http://180.212.82.145/? q=node/91372
6	并网光伏发电系统设计与施工	国家教学资源库个性化课程,省级精品课	http://180.212.82.145/? q=node/90695